青少年科普知识枕边书

植物知识全知道

李芙蓉◎编著

图书在版编目（CIP）数据

植物知识全知道 / 李芙蓉编著 . -- 北京：当代世界出版社，2018.3
（青少年科普知识枕边书）
ISBN 978-7-5090-1313-7

Ⅰ . ①植… Ⅱ . ①李… Ⅲ . ①植物—青少年读物
Ⅳ . ① Q94-49

中国版本图书馆 CIP 数据核字 (2018) 第 000360 号

植物知识全知道

作　　者：李芙蓉
出版发行：当代世界出版社
地　　址：北京市复兴路 4 号（100860）
网　　址：http://www.worldpress. org. cn
编务电话：（010）83907332
发行电话：（010）83908455
（010）83908409
（010）83908377
（010）83908423（邮购）
（010）83908410（传真）
经　　销：新华书店
印　　刷：北京旭丰源印刷技术有限公司
开　　本：710mm × 1000mm　1/16
印　　张：18
字　　数：260 千字
版　　次：2018 年 11 月第 1 版
印　　次：2018 年 11 月第 1 次
书　　号：ISBN 978-7-5090-1313-7
定　　价：45.00 元

如发现印装质量问题，请与承印厂联系调换。
版权所有，翻印必究；未经许可，不得转载！

植物界是一个千奇百怪、奇趣无穷的世界。它们的生活习性非常复杂，有水生的，也有旱生的；有直立的，也有攀缘的；有独立生活的，也有寄生的；有靠孢子繁殖的，也有靠种子繁殖的。总之，它们为了适应环境，在漫长的年代里，不断产生变异，通过自然选择，形成了各种形态，自然就多种多样了。

为了开发、利用、改造和保护种类繁多的植物资源，让植物为人类造福，我们的祖先很早就开始分辨他们所接触到的植物，并给他们命名。随着科学文化的发展，人们把植物的知识系统化，形成了今天的植物学。在这个极其漫长的过程中，植物是人类赖以生存的最根本的食物来源。历史上，至少有300种植物曾用作食物，约100种已大量种植。稻、麦、玉米、甘蔗、甜菜、马铃薯、甘薯、大豆、蚕豆、椰子和香蕉等曾是，或现在还是世界上最主要的食物，都由原始民族培养而成。茶、咖啡以及酒也都有悠久的历史。植物纤维不仅是服装原料，还可用于制绳、造纸等。森林一直是建材、燃料、纤维、化工原料等的重要来源，在水土保持、野生动物保护等方面也具有很大作用。人类使用的煤和石油等燃料，也是埋在地下的植物在一定条件下，经过很长时间形成的。人类的衣、食、住、行一直都在依赖着植物，而且未来发展也将与植物息息相关。可以看到，植物在维护地球生态环境和物质循环中起着重要作用，在解决当今世界面临的能

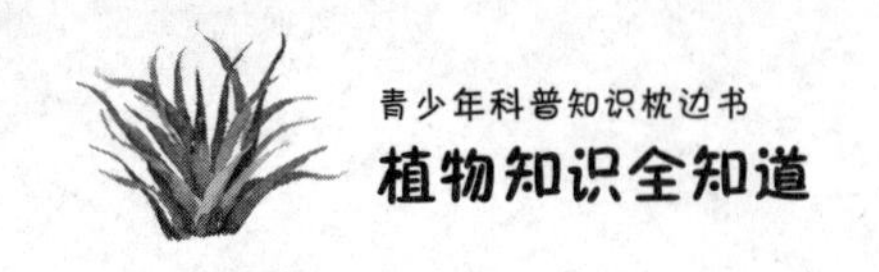

源危机、环境污染、食物短缺等重大问题上也早已经开始大显身手。

但必须指出的是，地球上的植物种类虽然那么多，但由于人口剧增和人类对植物资源的任意开发、利用和破坏，导致森林大量被砍伐，草原退化，生态环境遭受破坏，野生植物的自然分布区日益缩小，有许多物种已经在地球上消失，还有很多物种也濒于灭亡。因此，更好地认识并保护植物是人类共同的责任。我们编辑出版本书的目的正是希望能引起青少年读者对植物学的兴趣，进一步自觉地重视绿化、爱护植物。

本书在内容编排上分为三个部分。在第一部分，青少年朋友们可以对历史上各国知名植物学家的奋斗历程以及主要贡献有一个大概的了解。在第二部分，青少年朋友们可以浏览到许多奇树异果、奇花异草以及粮食、蔬菜、水果的历史，同时还可以了解到许多植物常识，如植物的“语言”“性别”是怎么回事儿，为什么昙花一现等。在第三部分，青少年朋友们可以了解到植物对人类未来生产、生活产生的影响以及一些生物工程技术方面的知识。

为了方便青少年读者阅读，本书图文并茂，以讲故事的方式，力求深入浅出，寓科学性于趣味性之中，让你在不知不觉中产生探索植物奥秘的兴趣。科学的神奇在于能认识自然又去改造自然。希望青少年读者能从这本书里受到启迪，做一个爱护自然的有为青少年。

植物学家的故事

植物的世界

植物学科前景展望

植物学家的故事

“植物学之王”林奈

植物覆盖着地球陆地表面的绝大部分，随着人类社会的发展，博物学家们搜集到大量的动物、植物和化石标本。1600 年，人们知道了约 6000 种植物，而仅仅过去了 100 年，植物学家又发现了 12000 个新物种。到了 18 世纪，人们对生物物种进行科学分类的愿望变得极为迫切了。这一问题是由后来被称为“植物学之王”的林奈解决的。

卡尔·冯·林奈于 1707 年出生在瑞典，他的父亲原是一个乡村牧羊人，后来成为当地的乡村牧师。林奈的父亲虽然没能给林奈一个富足的童年，但却使林奈从小就接触到了各种花木。林奈家有一个小花园，里面种植了许多的植物，这个花园激发了林奈对植物不可抑制的热爱。7 岁时，林奈上学了，他的父亲希望他好好学习神学，以继承乡村牧师的职业。然而林奈却无心于此，在中学的毕业证书上显示，林奈在班上 18 名学生中名列第 11 位。学校老师给林奈的评语是“对学习缺乏兴趣，学习不努力，成绩不好，前景不佳”。

由于林奈糟糕的成绩和贫寒的家境，他的父亲决定要他退学，去皮匠铺当学徒或者去学做裁缝。关键时刻，林奈的物理老师改变了他的命运。这位老师知道，林奈的学习特点与众不同，他对拉丁语和自然科学情有独钟，对植物学有浓厚的兴趣。老师劝林奈的父亲，应该让林奈得到更多的自然科学教育。这样，1727 年，依靠父亲倾囊资助的 40 克朗，林奈终于上了大学，学习医学。从此，世界上少了一个手艺人，多了一个博物学家。

大学生涯对林奈来说既美好又困窘，他的吃穿开销都成问题，有时要在学习之余为同学补鞋，获得一点点收入，但对植物的爱好使林奈坚持了下来。一次，林奈正在大学的植物园中聚精会神地观察植物，塞尔西教授走了过来，他对这个刻苦的青年很感兴趣。经过交谈，教授发现林奈是一个年轻有为的青年，当他了解到林奈的生活难以为继时，便慷慨地邀请林奈到自己家居住。在塞尔西教授的帮助下，林奈的学业突飞猛进，不久，作为一名还没有毕业的学生，他开始在大学讲授植物学，并发表了许多关于植物的文章。此时的林奈立下了一个志向：为地球上所有的植物、动物和矿物命名。

地理大发现开阔了欧洲人的视野，许多学者远涉重洋，从各大洲采集回了许多标本。但是，由于没有一个统一的命名标准，每个发现者都根据自己的喜好来命名所发现的动植物。当进行学术讨论时，由于命名的混乱，人们往往搞不清对方提到的生物到底是什么，在发表文章时生物名称更是混乱不堪。一个系统的命名法则成为生物学家们的迫切需要。林奈以对植物的深入了解为基础，提出了自己的“双命名法”。他在自己的著作《自然系统》中总结出一套命名规则，即每一种动物或植物用两个拉丁文单词来表示，第一个词是生物的属名，表示它所在的类群；第二个词是种名，与其他生物区分开；在种名的后面，再注上命名者的姓名，一方面表示荣誉归属，一方面表示此人要对这个命名负责。这个简单明了的命名法则一问世，就得到了生物学家们的赞扬和支持，经过 200 多年的应用和修订，成为国际上的学者命名新物种的统一准则。双命名法使纷繁复杂的生物被科学地区分开来，人们一看到某种生物的两个拉丁词，就可以判断这种生物的类别归属。

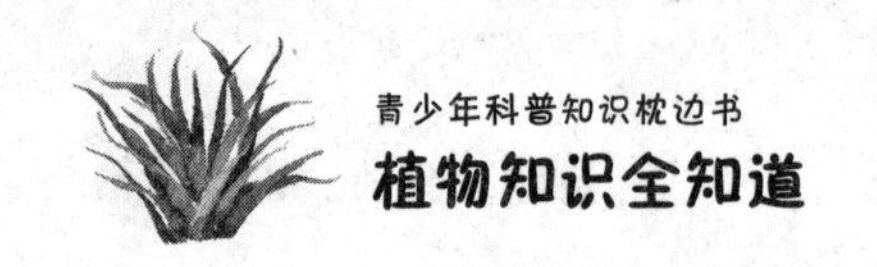

林奈一生收集的植物标本达14000号，他根据植物花的雄蕊特征，把植物分成了24个纲、116目、1000多个属和1万以上的种。如此浩大的科学工程都由林奈一人完成，所以人们称呼他是“植物学之王”。

知识链接>>>

瑞典政府为纪念林奈这位杰出的科学家，先后建立了林奈博物馆、林奈植物园等，并于1917年成立了瑞典林奈学会。为纪念林奈诞辰300周年，瑞典政府将2007年定为“林奈年”，活动主题为“创新、求知、科学”，旨在缅怀这位伟大的科学家的同时，激发青少年对自然科学的兴趣。

布丰和《自然史》

18世纪中期，随着科学的进步，上帝创造万物和物种不变的观点越来越遭到人们的怀疑和反对。许多人都在思考：动物和植物为什么有那样繁多的种类？不同种类的差别是怎样造成的？不同种类之间有没有联系？人是怎样产生的？带着这些疑问，法国博物学家布丰在自己的伟大著作《自然史》中最早提出了物种可变性和进化论的思想。

布丰于1707年出生在法国一个贵族家庭。十几岁时，布丰遵照父亲的意愿学习法律。1727年，布丰遇到了一位瑞典数学家，在他的影响下，布丰学习的重心放到了数学领域。几年后，布丰跨越英吉利海峡到达英国。在那里，他被英国的学术气氛感染，并折服于大科学家牛顿的理论，开始埋头研究物理学。回到法国后，他一边将英国学者的著作翻译成法文，一边进行研究，发表科学论文。1739年，布丰获得了皇家科学院合作院士的头衔，并荣任皇家植物园的园长。此后，他扩建了植物园并收集了大量的动、植、矿物样品和标本。利用这种优越的条件，布丰一边从事博物学研究，一边开始撰写他的巨著——《自然史》。

1749年，《自然史》的前3卷一出版，就轰动了欧洲的学术界。至1788年，一共出版了前36卷。这是一部说明地球与生物起源的通俗性作品，包括地球史、人类史、动物史、鸟类史和矿物史等几大部分，综合了无数的事实材料，对自然界作了精确、详细、科学的描述和解释，提出了许多有价值的创见。在书中，布丰对“月球起源”这个十分古老的问题，提出了“同源说”。他认为太阳系的所有天体，包括地球和月亮，都起源于一次彗星对太阳的猛烈碰撞，都是碰撞所撞下来的太阳碎块。他不相信地球像《圣经》所讲的那样只有6000年历史，他估计地球的历史至少是7万年；在未发表的著作中，他估计地球的年龄是50万年。

通过多年对生物化石的研究，布丰认识到：古代生物和现代生物有明显区别，有的动物的器官已经退化了，例如，猪的侧趾虽已失去了功能，但内部的骨骼仍是完整的。因此，他在《自然史》中多处倡导生物转变论，认为物种是可变的。生物变异的原因在于环境的变化；环境变了，生物会发生相应的变异，而且这些变异会遗传给后代。他指出地球上的物质演变产生了植物和动物，最后有了人类，而不是如《圣经》所说的，是亚当、夏娃偷吃了禁果的结果。虽然后来迫于教会的压力，布丰又不得不说物种是造物主亲自创造的。但布丰的观点，影响了当时的许多生物学家，曾经得到布丰资助过的拉马克，后来建立起了第一个较为系统的生物进化论学说。

《自然史》的文学价值也很高，这是因为布丰是一个追求文学风格的作者，他不但提出了“风格就是人本身”这样的名言，正确地指出了文章风格和人的个性之间的关系，而且在写作时也一丝不苟、反复推敲，力求精益求精。在写作《自然史》时，布丰通常写或口述第一遍，自己修改，让人抄下来，然后再改，如此来回多次。他的手稿一般总要修改四五遍，有的篇目甚至改过18次之多。在布丰笔下，小松鼠善良可爱，大象温和憨厚，鸽子夫妇相亲相爱……布丰还把动物拟人化，赋予它们某种人格，马像英勇忠烈的战士，狗是忠心耿耿的义仆，都受到布丰的赞扬；啄木鸟像苦工一样辛勤劳动，得到他的同情；海狸和平共处、毫无争斗，引起他的向往；他把狼比喻为凶残而又怯懦、“浑身一无是处”的暴君，把天鹅描绘为和平的、开明的君主。布丰通过资产阶级人性论的眼光，将动物拟人化，反映了他的社会政治观点，表现了他对封建专制主义政治的不满，寄托了他对“开明君主”的历史唯心主义的理想。

《自然史》各卷的陆续出版，不断给布丰带来更大的声誉。1753年，布丰当选为法兰西学院院士。1777年，法国政府在植物园里给他建立了一座铜像，座上用拉丁文写着“献给和大自然一样伟大的天才”，这是布丰生前获得的最高荣誉。一年后，著作等身的布丰去世了。他的学生于1804年又整理出版了《自然史》的后8卷。此后，欧洲掀起了一股认识大自然的热潮，由王公贵族或富商巨贾开设的博物陈列室和植物标本展出室纷纷出现，揭示大自然的书籍也日益受人欢迎，最受推崇的一本书便是布丰的《自然史》。

智慧人生 >>>

在困难面前，百折不挠的意志是不可或缺的。布丰有句名言：“所谓的天才不过是最大的毅力而已。”布丰正是以毕生的精力搜集了欧洲、美洲和非洲所能发现的所有物种，同时研究它们的生命现象、形态特征，才最终成为了一名富有创新精神的先行者。

“植物园之父”班克斯

邱园是英国的皇家植物园，它的历史可追溯到1759年，当时的邱园是一座占地仅3.5公顷的英国皇家园林，将它变为举世闻名的植物园的是英国植物学家班克斯。

约瑟夫·班克斯出生于英国伦敦的一个贵族家庭。早在13岁时，班克斯就喜欢上了多姿多彩的植物，他下决心要去探索这个神秘未知的世界。于是他向当地为商人服务的采药女学习植物学知识，从母亲那儿偷得植物学读本，慢慢地，他掌握的植物学知识就超过了他的中学老师。

1760年，班克斯进入牛津大学基督教会学校学习，与此同时，他也把对植物学的求知欲带进了这所当时显得死气沉沉的学校，他不满足于学校生物学教授的讲课，并向懂行的老师请教，请校外当时最好的植物学专家来牛津讲学。1764年，班克斯到了继承父亲遗产的法定年龄，一跃成为英国最富有的年轻人之一，班克斯开始计划围绕植物教育和研究的环球之旅。几年后，班克斯以博物学家的身份，搭上了英国皇家海军“尼日尔”号渔业保护船，开始了长达7个月的海上生活。这趟旅行为他的植物标本集奠

定了基础。

1768年8月25日，英国为开拓海外殖民地、提高海上航行技术的“奋进”号启程，班克斯拿出一万英镑的巨额资金，带着9个助手登上了这条船。刚开始的兴奋很快为旅途的苦难所代替，班克斯晕船的老毛病又犯了，几乎在整个航程里，他都在呕吐，尽管如此，他还是抓紧一切机会，细致地观察。

1768年11月13日，“奋进”号到达里约热内卢，这是葡萄牙的殖民地，班克斯满以为会受到热烈欢迎，可当地总督却极不友好，禁止他们上岸采集植物，班克斯只好冒着生命危险乘夜偷偷登陆，花了一整天时间寻找植物，搜集到包括西番莲科在内的316种植物，又乘着夜色回到船上。

1769年4月13日，“奋进”号一帆风顺地抵达塔希提岛马塔维亚湾，这里的景色美得惊人——绿色的山坡上到处是美味香甜的果实，大片大片的棕榈树和椰子树，白花花耀眼的沙滩……这一切在蔚蓝色宁静海洋的衬托下，真是一处人间的乐园。塔希提人十分好客，带着丰盛的食物，组成团队迎接客人。当船员上岸后，又献上绿色树枝表示友好。在这里，船员们目睹了土著居民住在树下、没有围墙的非常原始的生活。安顿下来后，船员与当地人的冲突日见明显，班克斯不得不居中调停。尽管为此占用了不少搜集植物的时间，可他也因此获得了了解塔希提人民族文化的机会。

1769年7月13日，“奋进”号再次扬帆，经过将近3个月的航行，登上毛利人居住的新西兰北岛。这里内陆植物繁多，使班克斯赞叹不已。在这里，他看到了蕨类植物桫椤，看到了世界上最大的毛茛属植物，还有一棵12米高的婆婆纳树。班克斯在这里收集了包括新西兰亚麻在内的40种新的植物。

1770年4月17日，这是一个有重大历史意义的日子，“南大陆”缓缓进入他们的眼帘，4月28日，他们停泊在一个村落对面。班克斯用望远镜发现，村民们一丝不挂，连始祖夏娃的无花果树叶都没有。村民们受到惊吓全部逃离了村庄。他们又搜集到一批新的植物，包括桉树、金合欢属植物、银桦属植物、含羞草属植物、槭叶酒瓶树，还有后来为了纪念班克斯

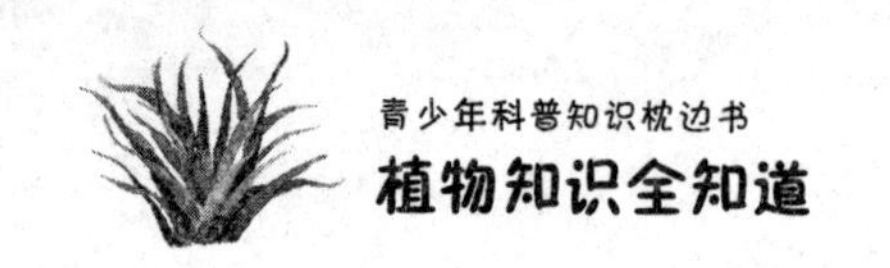

而以他名字命名的澳大利亚山龙眼。因为这个地方植物种类的丰富程度，实属少见，班克斯为此取名植物湾。一路上，班克斯搜集的植物种类高速增长。就在这时，他们遇到了麻烦，“奋进”号卡在珊瑚礁里面，在船只检修期间，班克斯到乡村搜集植物，他的标本集又多了新的成员：南洋杉、大金钟柏树、黄桑、郁金香木、黄槿和袋鼠草。

1771年7月10日，“奋进”号顺利返航，班克斯一行受到社会各界英雄般的礼遇。“奋进”号之行结束后，班克斯开始着手整理以前搜集到的植物，竟然有1300个新的植物种类，110个新的植物属类。后来，班克斯特意买下了位于伦敦中心的索霍广场32号，在这栋房子里，他建立了庞大的植物标本室和图书室，供各国科学家前来研究、查阅。在欧洲硝烟弥漫时，这里成了科学家们的避难所。此后，班克斯又在城外买下了春园，把这块16公顷的土地变成了培育植物、饲养动物的基地。就在这时，班克斯在“奋进”号的出色表现引起了国王的注意，他被聘为英国皇家园林——邱园的非官方负责人。从此，得到国王厚爱的班克斯把邱园从皇室的乐园演变成以科学研究为目的的植物园。他利用自己的社交网络和威望从世界各地网罗植物，同时派出植物猎人到殖民地、偏远地区引进新的植物。

1788年，班克斯被选为皇家协会的主席，在这个位置上，他一直干了42年。在这些年里，他有了系统地在世界范围内搜集植物的计划，这个计划在随后的两个世纪里使成千上万的植物传遍整个地球，这是一笔对全世界园丁的最丰厚的馈赠。

1802年6月19日，班克斯去世。他在植物搜集以及植物园建设方面作出的贡献使他赢得了“现代植物学搜集之父”“植物园之父”两项桂冠。

知识链接>>>

班克斯接管邱园后，经英国皇室的三次捐赠，到1904年，规模已达121公顷。又经过100多年的发展，现在的邱园占地360公顷，拥有约5万种植物和500万份标本，活的树木便有25万棵之多，是联合国教科文组织认定的世界文化遗产。

“植物猎人”麦森

在人类居住的地球上，年年草长莺飞，绿肥红瘦。这本是大自然再平常不过的变迁，然而，那些植物是怎么从遥远的美洲奔赴英国的？如何从热带雨林里的寻常客，一跃而成为欧洲植物园的座上宾的？原来，是“植物猎人”起了不可估量的作用。所谓“植物猎人”，是指那些到世界各地观察和研究植物、采集植物标本和种子、将某种植物引种到别处的学者和探险家。在英国的邱园成为巨大的世界植物园的过程中，一位名叫麦森的“植物猎人”发挥了巨大的作用。

弗朗西斯·麦森生于1741年，从小就对各种植物有着浓厚的兴趣。当邱园的管理者班克斯把邱园建成植物的收藏基地时，年轻的麦森便来到邱园做了“助理园丁”。1772年，麦森被指派跟随英国大探险家库克船长的船队远征，成为了英国皇家植物园——邱园的第一位“植物猎人”。

1772年7月30日，麦森来到了南非开普敦。他一下就被那里浓郁苍翠的植物世界吸引了。不久后，麦森雇了一辆由8头牛拉的篷车，找了个当地车夫，还请了个雇佣兵充当翻译和向导，开始了向东穿过开普平原的旅

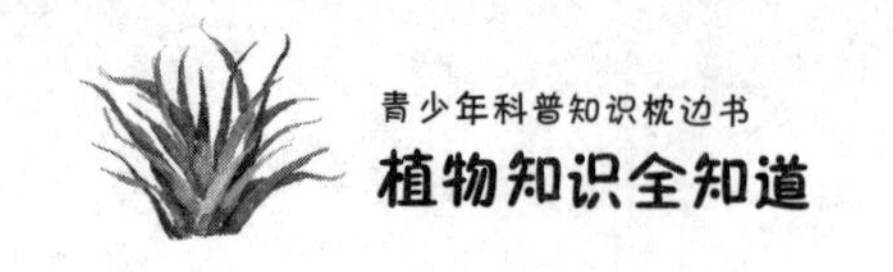

程。南非草原上的植物争奇斗艳，令人兴奋。麦森于1773年1月底返回开普敦，他对班克斯的远大见识由衷地敬佩起来，因为行前，班克斯就断言开普省有许多值得搜集的植物。在接下来的几个月中，麦森酝酿了一个更宏伟的计划。这个计划被来自瑞典乌普萨拉的林奈学院的学生桑伯格知道了，他想尽办法说服麦森，要求结伴而行。1773年9月11日，麦森、桑伯格骑着马跟随一辆满载物资和植物搜集用具的牛车出发了。

他们俩的这次探险取得了累累硕果，在他们采集到的大批植物中，包括一种色彩艳丽的奇异花朵，当时的英国皇后认为它花形特别，酷似鸟冠和鸟嘴，而皇后所出生的故乡原名又叫天堂村，故赐名“天堂鸟”。它传入我国后，我国的园艺专家觉得它的形状好像伸颈远眺的仙鹤，特又起名为“鹤望兰”。

南非之行后，麦森得到了巨大的荣耀，成了世人瞩目的对象。邱园的琐碎工作再也留不住他的心，他强烈要求班克斯再给他远行探险的机会。1778年5月29日，麦森踏上了巡游大西洋的船只，朝西印度群岛驶去。在航行的早期，班克斯分两批收到麦森搜集的183种植物。在加那利群岛，麦森发现的植物中有壮观的蓝蓟，还有今天受人欢迎的瓜叶菊的始祖——瓜叶千里光。

1783年，麦森又开始了为期两年的探险，当他到了他热爱的植物搜集地——南非时，这里正在打仗，所有的外国游客不准远离超过开普敦3小时的路程，英国人更是被视为潜在的间谍。麦森无视这些禁令，在南非为邱园又搜集到不少新的植物种子，这其中就有马蹄莲。

在以后的8年时间内，人到中年的麦森多次深入南非内陆探险，他把搜集到的植物先在开普敦的小花园培育，然后运回邱园。但最终还是难以承受南非的政治动荡，1795年3月，他不得不返回英国。此时的麦森，已在异域的跋翻山涉水中度过了生命最旺盛的20年，他的耳畔总回响着旷野的声音，邱园温室安静的生活已无法安放他的心灵。1797年9月，他再一次启程驶向北美。这次航行屡遭挫折，先是法国海盗两次光顾船上，其中第二次海盗得手后，把他们赶到别的船上，让他们吃尽了苦头。行程的后

半部分，天气恶劣，使他们的处境雪上加霜。尽管一路上有如此多的不利因素，麦森还是进入了加拿大，而且他始终没有忘记自己的使命，不断地把种子托运回邱园。然而，岁月不饶人，多年的野外生活使麦森的身体严重透支，加上他已习惯南非闷热的天气，蒙特利尔的严寒于他的健康十分不利。1805 年冬天的酷寒对他更是致命的一击，1805 年 12 月 23 日，这位把毕生的心血都献给邱园的植物学家长眠在了异国他乡。

麦森一生奔波，为邱园采集到了大量植物。在他引进的开花植物中，包括唐菖蒲、孤挺花、瓜叶菊、苣苔、天堂鸟花、帝王花等，这些花朵无论是做切花还是室内培植之用，都使我们的温室和家居熠熠生辉。

智慧人生 >>>

大自然是人类的宝库，也是人类增长知识的地方。作为一位植物采集者，麦森是热爱自然、热爱生命的代表，正是这个原因，麦森才从一名普通园丁成长为了世界园艺史上最重要的人物之一。

吴其浚与《植物名实图考》

我国的植物学有着悠久的历史，走过了由实用向纯科学发展的漫长道路。其中，实用阶段的历史较长，可以说从上古直到明清之际都属于这一阶段。这时的植物学知识主要见于历代本草学著作、农学、园艺及蔬菜等著作中。随着人们对各种植物认识的加深，到明清时期已开始向第二阶段，即科学研究的方向发展。清代植物学家吴其浚的《植物名实图考》的出现，标志着这一重要阶段的开始。

吴其浚于1789年生于河南省固始县。吴家是当地的官宦人家，好几代人都当朝做官。当时，这样的人家都藏有相当数量的图书，这也为吴其浚从小就能接受良好的教育提供了条件。吴其浚从小就喜欢各种植物，而且读起书来也非常刻苦。1810年，年轻的吴其浚参加全省大会考名列前茅，成为举人。又过了7年，他进京参加了全国的殿试，并且金榜题名中了状元，随即被任命为翰林院管修撰的官。

吴其浚在北京只当了两年官，就又被任命为广东的正考官。后来，官越做越大，先后当过总督和巡抚，到过河北、山西、湖北、湖南、浙江、江西、贵州、福建、云南等许多地方，大半个中国都留下了他的足迹。可无论在哪里做官，吴其浚从来没有放松过他的植物学研究。也正是因为到过全国许多地方，吴其浚见到了更多奇花异草。他走到哪里，就研究和搜集那里的植物。由于公务繁杂，他就专门找了一些擅长绘图的人作随从，让他们把植物标本绘成图。只要他一有空，就自己动手整理标本、绘图、研究。有时，为了搞清一种植物的生活习性，他还会向一些有经验的农民和江湖郎中请教问题。

我国的中草药历史悠久，中草药里的知识内容博大精深。可当时并没有一部权威性的植物分类学专著，植物的命名相当混乱。比如，同一种植物，在不同的地区可能就有好几种叫法；而有时同一个名字，在不同地区却是指不同的植物。江湖郎中游走各地，有时就会出现问题，不是当地没有药，就是用错了药。吃错了药不但不能治病，严重时还会丧命。吴其浚看到这些情况，决心用毕生的精力编一部最全、最准确的植物学专著。此后，他一面为朝廷做事，一面细心收集各种植物标本和资料。

经过几十年辛勤的工作，吴其浚收集的资料装了满满几大箱。他开始系统地整理这些资料，并把它们编成一部大书。他白天处理公事，晚上伏案写作，长期的辛苦工作，使他得了重病。当时他在山西做巡抚，为了能在有生之年完成这本书，他给皇帝上书，请求辞官，皇帝同意了他的要求。从此吴其浚更是一心一意、集中精力写作了。吴其浚要做的事太多了，有些植物，自己从未见到过实物，没有亲自观察过、闻过、摸过，只能从别的书里转绘下来。可是他的病却越来越严重，1847 年，58 岁的吴其浚永远闭上了双眼，离开了他向往的五光十色的植物世界！

吴其浚辞世后，云南蒙自人陆应谷继任山西巡抚，对吴其浚的才学和志向很是敬佩，他决心完成吴其浚的遗愿，承担起整理遗稿的重任。两年后，他终于实现了吴其浚的愿望，《植物名实图考》——这部我国 19 世纪

最重要的植物学专著出版了。

《植物名实图考》共38卷，记载植物1714种，是中国历史上记载植物种类最多的著作，同时也是一部具有世界影响的植物学巨著。它将植物分为谷、蔬、山草、隰草、石草、水草、蔓草、芳草、毒草、群芳、果、木12类。书中所载的每种植物，大半是根据吴其浚亲自观察和访问所得，附绘精图，并择要记载了植物的形色、性味、产地、用途等；对于植物的药用价值以及同物异名或同名异物的考订特别详细，纠正了前人的不少错误。如李时珍在《本草纲目》中将五加科的通脱木与木通科的木通混为一种，同列入蔓草类，吴其浚就把通脱木从蔓草中分出，列入山草类，纠正了李时珍的这一错误。他还在冬葵条中批评李时珍将当时人们已不喜食用的冬葵从菜部移入隰草类是错误的，并指出冬葵为百菜之主，直至清代在江西、湖南民间仍栽培以供食用，湖南称冬寒菜，江西称蕲菜，因而他又将冬葵列入菜部。以上数例表明，吴其浚已突破历代本草学仅限于性、味、用途的描述，而着重于植物的形态、生态习性、产地及繁殖方式的描述，大大丰富了植物学的内容。

《植物名实图考》附有1800多幅图，其中的大部分图都是根据植物的新鲜状态绘制的，很多都能反映该植物的特征，如24卷毒草类，天南星、魔芋、由跋、半夏都是天南星科植物，外形十分相似，很易混淆。吴其浚不仅用文字阐明了彼此之间的差异，同时还用了7幅插图，绘出各种植物的根、茎、叶、花、果实的异同。由于《植物名实图考》所绘的图比较精确，而且增补和订正了本草著作中的一些谬误，因而对研究植物、鉴别种名具有较大的科学价值，至今仍是研究我国植物种属及其固有名称的重要参考资料。

《植物名实图考》的问世，推动了我国植物学、本草学的研究和发展。1919年，当这部书再次重印时，世界上许多国家图书馆收藏了它。吴其浚的植物学著作不仅让我们中国人，也让外国人看到了中华民族对世界植物学所作的重大贡献。

智慧人生

吴其浚之所以能够成为19世纪的著名科学家，是因为他有一种实事求是的科学研究精神。他十分重视实践，能通过实践探求科学知识，同时，他也很重视前人经验，善于向书本学习。这些都反映了吴其浚治学方法的严谨，值得后人学习。

施莱登与植物细胞

今天我们都知道植物体是由细胞构成的，但这一结论的得出并非那么容易。自17世纪英国大科学家胡克把在显微镜下看到的木栓薄片中的小室，并称之为“细胞”以来，不少学者对许多动、植物的显微结构都进行过描述，但并未引出规律性的概念。19世纪40年代，德国植物学家施莱登在总结前人大量研究的事实材料和设想的基础上，通过归纳，提出了一个关于细胞的生命特征、生理过程以及生理地位的理论，它标志着第一个较为系统的细胞学说的建立。

施莱登于1804年4月5日出生于德国汉堡的一个医生家庭。中学毕业后，施莱登在海德堡大学攻读法律学并获得博士学位。之后，他回到家乡汉堡从事法庭律师工作。1831年，施莱登放弃了律师职业，开始学习医学，而后又对植物学发生了浓厚的兴趣，从而又进入柏林大学学习植物学，开始了对自然科学的研究。那时，施莱登的叔父，一位著名的植物生理学家赫克尔和另一位植物学家布朗正好都在柏林逗留，他们两人都很关心施莱登，希望他在植物胚胎学方面进行深入研究，这对施莱登一生的科学活动产生了决定性影响。

1837年，施莱登完成了他的第一篇论文《论显花植物胚株的发育史》。他认为，只有对植物发育史进行研究才能获得对植物正确的认识，也只有这样，才能揭示植物内在的规律性。施莱登猛烈抨击了林奈的信徒们的那些陈腐的系统植物学，反对他们只是单纯地从事植物的采集、分类、鉴定、命名，而忽视对植物结构、功能、受精、发育和生活史的考察与研究。他把植物学重新定义为一种综合性的科学，其中应包括植物化学和植物生理学。

1838年，在布朗的影响下，施莱登从事植物细胞的形成和作用的研究，这是他对细胞学说进行的初步探索。同年，他发表了他的代表作《植物发生论》，在这个基础上，施莱登提出了植物细胞学说。在《植物发生论》一文中，他引用了布朗关于细胞核是细胞的组成部分的观点。施莱登通过对早期花粉细胞、胚株和柱头组织的观察，发现这些胚胎细胞中都有细胞核。他进一步研究了细胞核在细胞发育中的作用，认识到细胞核对细胞的形成和发育起着重要作用。施莱登把注意力集中在细胞核的功能和作用上来，这使他走上了正确的研究轨道。不久，他认为细胞核是植物细胞中普遍存在的基本结构。在此基础上，他进行了理论概括，提出了植物细胞学说。

施莱登的植物细胞学说认为：无论多么复杂的植物体都是由细胞构成的，细胞是植物体的基本单位。最简单的植物是由一个细胞构成的，多数复杂的植物是由细胞和细胞的变态构成的。施莱登认为，在复杂的植物体内，细胞的生命现象有两重性：一是独立性，即细胞具有独立维持自身生长和发育的重要特性；二是附属性，即细胞属于植物整体的一个组成部分，这是次要的特性。

1838年10月，在一次聚会上，施莱登把未公开发表的《植物发生论》中有关植物细胞结构的情况和细胞核在细胞发育中的重要作用的基本知识告诉了好朋友——德国动物学家施旺，施旺很感兴趣并大受启发，为其最终创立细胞学说奠定了基础。实际上，施莱登已经把他的细胞学说的范围从植物界扩大到了动物界。

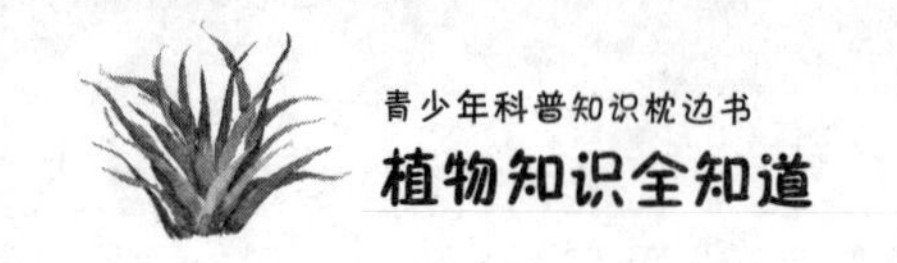

1840年，施莱登被任命为耶拿大学植物学副教授。1842年，他出版了植物学教科书《植物学概论》，从1845年第二版开始又加上了一个副标题“作为归纳科学的植物学”。在这本书中，他提出了一些新的生物学方法论。他主张植物学研究必须利用显微镜进行仔细观察并进行生理学实验，观察和实验是生物科学研究的工作基础，多利用归纳的方法和因果分析的方法，才能有效地揭示科学内在的规律性。施莱登的这本教科书在整体结构上基本上是全新的，他从植物中物质元素的研究写起，接着用很大篇幅介绍植物细胞学说，然后论述形态学和组织学。不少评论者认为，施莱登的这本教科书充满生气并富于新思想，是植物学进展的一个转折点。这本教材激发了人们的热情并吸引着年轻人投身于植物学研究。这是施莱登在植物学研究上的一个重要贡献。

1848年，施莱登写出了《植物及其生活》。这是一本科普性读物，内容简单、有趣，使更多的人获得了植物学知识。这本小册子广泛流传，是人们最喜欢的科普性读物之一，他也因此成为那个时代最成功的科普工作者之一。

恩格斯高度评价了细胞学说，把它与能量守恒和转化定律、生物进化论合称为19世纪自然科学的三大发现。现在我们已经知道，绝大多数植物的细胞直径一般为10～100微米，必须在显微镜下才能看到。也有少数植物的细胞较大，肉眼就可以分辨出来，如番茄果肉、西瓜瓤的细胞，直径可达1毫米；苎麻茎中的纤维细胞，最长可达55厘米。当我们了解这些植物细胞知识的时候，不应该忘记施莱登和施旺共同建立的细胞学说。

智慧人生 >>>

如果把每一个重大发现比喻成一条大河，那它的存在是那些涓涓细流汇聚的结果。施莱登建立细胞学说的故事告诉我们，科学的发现不是偶然的，一方面需要积累丰富的知识，另一方面要有敏锐的观察力和一丝不苟的精神，同时还需要注意借鉴前人的经验。

米丘林培育果树

20世纪，如果有哪个生物学家培育了一两个新物种，那就是很了不起的成就了，但有一位科学家一生却培育出了300多个果树新品种，他就是苏联卓越的园艺学家、植物育种学家米丘林。

伊万·弗拉基米洛维奇·米丘林于1855年生于俄罗斯中部梁赞州普隆斯克县一个守林人的家庭里。这是一个破落小贵族的家庭，世代爱好果树栽培事业。米丘林从小受家庭的影响，对栽培果树产生了浓厚的兴趣。果树园成了他的乐园，他爱上了果树园，把果树园当成自己的伙伴。8岁的时候，米丘林已能做嫁接和压条工作。当他看到开满漂亮花朵的“中国树”竟然结出比樱桃还小的果子，而且涩得要命时，心里充满了惋惜、失望，稚嫩的脸颊上挂满了泪珠，他发誓，一定要让它结出又大又甜的果子。转眼到了春光明媚的时候，米丘林在园子里种上了“中国树”。当种子刚刚长出绿芽时，他不得不与之分别，踏上通往普隆斯克县立学校的路。1869年，米丘林以优异的成绩考入梁赞中学。他的志向是进高等学校学习自己喜爱的园艺专业知识。他学习刻苦，而且很有个性，

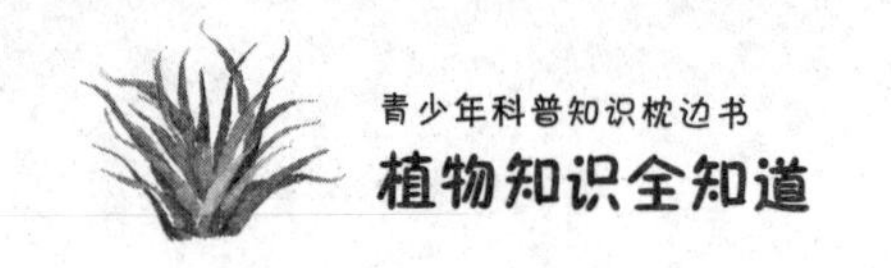

绝不盲目地服从任何人。不幸的是，他的父亲去世了，由于家庭贫困，他不得不中途辍学。

为了谋生，1872 年，米丘林开始在科兹洛夫城火车站当站务员兼做钟表修理工作。上班之余，他在自己住宅旁边的一小块空地上建立了自己的试验果园，培育起苹果、梨、樱桃等果树。为了对俄国的果树品种有所了解，在一年秋天，他一个县一个县地考察，几乎没有看到耐寒的优良果树品种，于是决心彻底改变祖国这种林果业十分落后的现状。他给自己的研究工作确定了两大任务：一是要在俄国中部培育出耐寒的浆果植物种类；二是要把南方的树种移向遥远的北方种植。

1875 年，米丘林把做钟表匠的积蓄全部拿出来，在佛罗内兹河边买了土地，把南方的优良品种的枝芽，嫁接在北方耐寒品种的砧木上。结果树是接活了，但当严寒来临，所有的接枝全部冻死了。他用嫁接的方法反复试验了 10 年，但都失败了。于是，他开始研究人工杂交和人工授粉的方法。在这项实验中，他领会到植物杂交幼苗容易受外界的影响而变异，明白了自己过去之所以失败是因为用了成年的纯种的缘故。他又培育出许多杂交幼苗品种，但寒流到来后，大部分幼苗又被冻死了。米丘林并不气馁，经过仔细观察，他发现在园里一角沙地上，长出的幼苗比较耐寒，于是他明白了：“土壤肥，环境条件好，幼苗必然长娇了，因此不能耐寒。”他高兴得跳起来，说：“必须用贫瘠的沙质土壤来训练耐寒的幼苗。走！搬到沙质土壤中去！”

1900 年，米丘林在离科兹洛夫城两公里的地方，找到了一片沙质地。他把树苗一棵棵移栽过去。在这里，他辛勤劳动了七八年，终于将许多优良的耐寒果树品种培育了出来。后来，米丘林又试验了使果实早熟的方法。他把 1000 多公里以外的南方果树，移到北方，最后，这些南方的果树终于在北方安了家，并开放出芬芳的花朵，结下了丰硕的果实。米丘林的名字很快在国内外传播开来了，就在这时，美国农业部想以巨资购买米丘林所收集和创造的全部果树品种，并用高薪吸引米丘林去美国工作。然而，米丘林宁愿在困难的条件下艰苦地工作，也不愿放弃为祖国服务。他继续在

满布着荆棘的道路上埋首于改造大自然的工作。到1917年苏联爆发十月革命的时候，米丘林的苗圃里已有来自世界各地的约800种植物的基本品种了。此后，米丘林的工作受到了列宁的重视。1918年，苏联政府接收了米丘林献出的苗圃。1928年，政府在苗圃基础上建立了米丘林果树遗传育种站。

功夫不负有心人，辛勤的探索加上科学知识的引导，米丘林后来终于成为了一名伟大的园艺学家。在他长达60年的园艺科研实践中，共培育出了350多个果树新品种，为苏联的林果业作出了重大贡献。

智慧人生 >>>

米丘林的巨大成就得益于他坚韧辛勤的探索，沙地幼苗栽培的偶然发现，正是他长期探索研究的一个新的有利转机。米丘林迅速抓住这一新的偶然转机，成就了他的果树培育事业，实现了他“不能等待大自然的恩赐，必须向大自然去索取”的著名格言。

威尔逊与“园林之母”

进入近代后，随着社会经济的进步和园林艺术的迅速发展，西方英、法各国对海外的奇花异草有更多的需求。当时来华的西方人很快对我国众多异乎寻常的植物产生了强烈的兴趣，他们派“植物猎人”到我国搜寻植物种苗，这其中就包括英国杰出的博物学家欧内斯特·威尔逊。

威尔逊于1876年出生在英国开普敦一个铁路工人家庭。13岁那年，威尔逊成为一名花工。后来，他在伯明翰技术学院学习植物学，并到著名的英国皇家植物园邱园深造。1899年6月3日，威尔逊受雇于英国著名的维奇公司，以“植物猎人”的身份来到中国，搜集被称为鸽子树的珙桐。

1900年2月，沐浴着新世纪的曙光，威尔逊抵达长江畔的宜昌，此后，他立即组织了一支探险队，乘船逆江而上，穿过三峡，向川鄂交界地带属于湖北一侧的巴东县进发。在这里，威尔逊发现了一棵珙桐树，遗憾的是它已被人砍断了。但几天后，他在鄂西区域的山野里发现了造型奇特、营养丰富的猕猴桃。四处探访数月后，威尔逊的耐心获得了幸运之神的眷顾，5月19日这天，他终于在一片葱翠的密林里找到了珙桐。

珙桐为落叶乔木，通常高十数米，长有圆锥状婆娑树冠，绿叶呈宽卵形，叶子背面长有浓密的白绒毛，珙桐花开放时，犹如白鸽翻飞，花序下两片纯白的苞片酷似鸽子的双翅，紫红的花序像鸽头，黄绿的柱头像鸽嘴，所以人们把它叫作鸽子花。过了一段时间，威尔逊从这棵树上采集到许多珙桐种子，这些种子藏在橄榄状的褐色果核内，每枚果核里有 5 ～ 7 粒种子。与此同时，敏锐而干劲十足的威尔逊在同一区域里采集到上百种植物标本和植物新种，包括山玉兰、小木通、大白花杜鹃、尖叶山茶、虎耳草、盘叶忍冬、巴山冷杉、红桦、血皮槭等。

1902 年 4 月，威尔逊回到英国，受到维奇公司老板维奇爵士的热烈欢迎。不料几天后，一个令人恼火的消息传来，一个法国人早在 1897 年就已把一株光叶珙桐的几十粒种子带到了巴黎，其中的一粒种子还发芽长成了小树。威尔逊作为该树种“第一个引进者”的资格被剥夺了，更糟糕的是，他带回来的种子在苗圃里种下后一直没发芽。谁也没料到珙桐树种下地后需要比其他树种长得多的时间才能发芽，好在一段时间过后，那些种子终于发芽了，而且数目多达 1000 多株。威尔逊的首次远东之行，也因这批长势喜人的树苗而引人注目。

1903 年 1 月 23 日，新婚燕尔的威尔逊第二次接受维奇公司的派遣，前往远东地区的四川寻找黄色罂粟科植物——全缘叶绿绒蒿。这年 6 月，威尔逊从成都抵达山明水媚的乐山。7 月 1 日，他登上雄奇的瓦屋山，在瓦屋山采集了大约 200 种植物后，威尔逊和随从沿着汉源方向一路西行，经过 2 个星期的艰难旅途，于 7 月 14 日来到康定附近的一个小镇。在附近一座山上，威尔逊发现了被欧洲人称作“黄色罂粟花”的全缘叶绿绒蒿。第二年暮春时节，情绪高涨的威尔逊再次来到康定一带，在花香四溢的山野里找到了川西绿绒蒿、紫点杓兰、西藏杓兰等高山花卉。不久后，威尔逊离开康定向松潘高原挺进，在那里找到了首次引种后在西方引起了轰动的帝王百合。8 月底，他又在松坪一带的大山上找到了火焰般盛开着的大片红花绿绒蒿。1905 年 3 月，威尔逊满载而归回到英国。这一次，他带回了 510 种树种以及 2400 种植物标本。

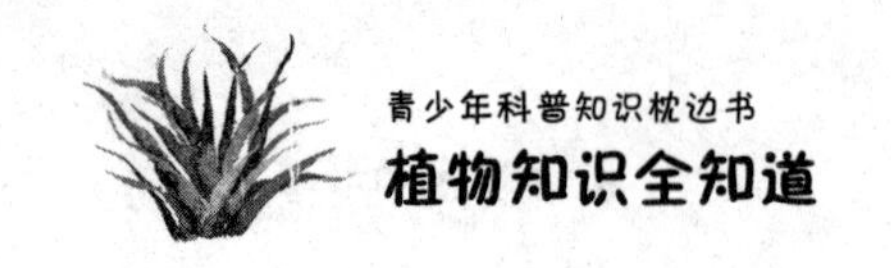

1905年冬天，美国哈佛大学阿诺德植物园的负责人萨金特拜访了威尔逊，想请他作为阿诺德植物园的“植物猎人”前往中国。当时，威尔逊的妻子有孕在身。再三犹豫之后，威尔逊最终还是答应了下来。1906年5月21日，威尔逊的女儿诞生了，就在同一天，他采自康定的一种报春花也开花了。高兴之极，威尔逊给孩子取名为穆里尔普里姆罗斯，意为报春花，这种植物也因此被命名为“香海仙报春”，又称威尔逊报春。

1908年5月，威尔逊来到四川成都。以成都为根据地，威尔逊到灌县、汶川、岷江河谷、丹巴一带进行田野考察。冬天时，他把搜集到的一批标本和种子寄运到英国却出了意外。在托运18237株百合球茎时，为了省钱，没有用泥巴进行包裹，结果运到英国后，95%的百合球茎都溃烂了。这年11月14日，光绪皇帝驾崩；次日，清帝国的实际掌控者慈禧太后也去逝。威尔逊得到消息，担心一场政治上的大地震将不可避免，中国将陷入混乱，于是萌生去意。正在这时，他得知萨金特和原来的雇主维奇爵士联合委派了一个叫朴顿的“植物猎人”来到中国。不久，威尔逊离开四川前往北京，在那里和朴顿无私地交流了在中国西南进行田野考察的经验。

1909年4月25日，威尔逊把收集到的一大批植物种子和标本寄往波士顿，其中包括三峡槭、甘青铁线莲的变种、紫金莲、山茱萸、西康玉兰、圆叶玉兰、林芝云杉、宝兴杜鹃等。随后，威尔逊搭乘火车返回了欧洲。但没过多久，萨金特便以上次采集到的百合球茎在邮寄过程中出了问题为借口，说服威尔逊开始了他的第四次中国之行。这一次，威尔逊为阿诺德植物园增添了5万余件植物标本和1283袋种子，这批东西中包含着382个植物新种和323个中国本土植物的新变种。

随着威尔逊对中国花卉了解的增多，他认识到中国花卉对世界各国的园林有着举足轻重的影响。1913年，他写下了《一个博物学家在华西》这一有影响的著作。此书在1929年重版时易名为《中国——园林之母》。威尔逊的这一观点，立刻得到西方的普遍认同。随着时间的推移以及我国传出花卉观赏植物的增多，威尔逊的观点的依据还在不断被加强，被充实。如今，原产我国的奇花异草和风景树木在世界各地的园林和风景名胜区争

奇斗艳，流芳溢彩，为美化各国人民的生活作出了巨大的贡献。

智慧人生>>>

为了探索植物之谜，威尔逊用了近30年时间，风餐露宿、披荆斩棘，浪迹于高山大川间，他的汗水和辛勤，换来的是欧美植物园内1000多个新的植物品种。威尔逊的故事告诉我们：神奇的大自然蕴藏着无穷的奥秘，只要用心寻找，就一定会有新的发现！

“植物分类学之父”胡先骕

现在生长在地球上的植物有数十万种，要对数目如此众多、彼此又千差万别的植物进行研究，第一步必须根据它们的自然性质，由粗到细、由表及里地进行分门别类，这门学科就是植物分类学。我国植物分类学的奠基者是著名植物学家胡先骕。

胡先骕于1894年生于江西新建县联圩乡的一个名门望族。他的曾祖父考取过道光年间的探花，父亲是道光年间第三甲进士，就连他的母亲也通晓经史、善作诗词。深受家庭熏陶，小先骕六七岁时就表现出非同一般的天赋，被乡里百姓称为神童。

1905年春，11岁的胡先骕遵母命赴南昌府学考试，被录取为府学庠生。1906年，中国废止了科举制度，胡先骕到南昌府办的洪都中学堂学习，开始接受现代自然科学教育。1909年，考入京师大学堂（今北京大学）预科学习。1912年9月，当时的江西省教育司举办留学生考试，胡先骕又获得头名，旋即作为江西省首批赴美留学生，先后在加利福尼亚大学和哈佛大学学习农业学和植物学。

1916年夏，胡先骕学成回国，与妻子家人团聚。当时他的家庭经济状况并不好，为养家糊口，他先在江西庐山森林局任副局长，一年半后，即1918年秋他受聘为国立南京高等师范学校农林专修科植物学教授。

植物学教学和研究的对象是植物。中国植物资源极其丰富，为西方植物学家所羡慕，自16世纪起就有外人来华采集，到19世纪中叶则有更多的植物学家、采集家、探险家来华采集，所得都运回自己国家，收藏在各大植物园或自然历史博物馆中，以供研究之用。外国人在中国大肆采集，而国人对此却全然不知，对自己的资源既不珍惜，也不研究。胡先骕还在美国留学时，就认为这是一种民族的耻辱。所以，他组织领导的研究工作，自然要从采集入手。

1919年秋，胡先骕决定进行一次大规模采集标本和调查植物资源的活动。在征得北京大学、北京高等师范学校、沈阳高等师范学校的同意后，就共同发起组织，很快便得到国内7所高等学校，24所中学的赞同，商务印书馆也愿予以赞助。1920年夏，胡先骕率队赴浙江采集，历时三月有余，途经十多个县。1921年春，胡先骕又带队去江西吉安、赣州、宁都、建昌、广信、南昌，途中曾转而进入福建武夷山区，相继采得大量植物标本。这两次采集到的标本多达万余号，胡先骕经过整理鉴定后，相继写出了《浙江植物名录》《江西植物名录》《浙江菌类采集杂记》《江西浙江植物标本鉴定名表》和《增订浙江植物名录》等著作。后来又进一步研究，撰成论文《东南诸省森林植物之特点》，并以此文参加第四次泛太平洋学术会议，赢得了国际声誉。

1921年，国立东南大学于南京成立，特聘胡先骕为该校农科教授。为了发展中国的近代生物学事业，胡先骕与钱崇澍等人在南京共同筹建中国科学社生物研究所。经过一年多的筹备，中国科学社生物研究所于1922年成立，胡先骕担任植物部主任。那时候，新式教育虽然已经推行十多年，但博物学的教学水平很低且没有适合的教科书。为了使中国的大学生能够读到由自己国家的科学家编写的大学教材，胡先骕与钱崇澍等人于1922年共同编著了中国有史以来的第一部专供大学生物系学生使用的中文《高等植物学》。该书的理论及分类内容比较新颖，一改过去沿用日本教科书的编

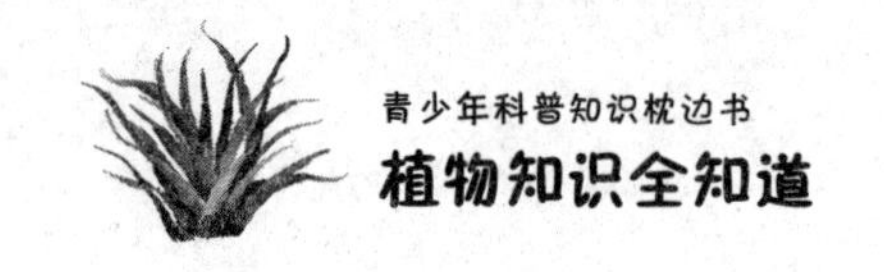

著体例。胡先骕还凭借对汉语语言学的深厚修养，改正了原来移用不当的日文术语，如将“隐花植物”更正为“孢子植物”，“显花植物”更正为“种子植物”，“藓苔植物”更正为“苔藓植物”，“羊齿植物”改为“蕨类植物”等，这些更正后的名称一直沿用到现在。

1923年秋，胡先骕再次赴美入哈佛大学深造。由于学习成绩优秀，仅用一年即获得硕士学位。他还在哈佛大学阿诺德森林植物园内，用2年多的时间把该园自1899年起从中国西部和中部采集并运走的植物标本，以及国外各期刊中登载有关中国植物的科属记录一一检查、收集，整理编写成一部《中国种子植物属志》作为博士学位论文。1925年，胡先骕获博士学位后回国。当时，因国内急需资料鉴定标本，胡先骕的博士论文书稿被相互辗转传抄达十次之多，为中国植物学者开始学习研究植物分类提供了必要的文献。

1928年，胡先骕等人于北京创办了静生生物调查所，胡先骕任植物部主任。此后，他主持开展了对我国华北、东北及渤海等地区的生物资源调查、采集及分类学研究工作，后又把工作目标投向生物资源非常丰富的四川、云南。经过努力，他发现了很多新种，其中影响最大的，是在四川万县发现和命名了有“活化石”之称的水杉。这个发现，被认为是中国现代科学的重要成就，对植物形态学、分类学和古生物学都有重要意义，轰动了当时国际生物学界。

1949年，静生生物调查所被新成立的中国科学院接收，改组为植物分类研究所。胡先骕以研究员的身份继续为祖国的植物学研究贡献着力量。1950年，他根据自己多年研究植物形态解剖学、植物分类学、遗传学和古植物学各方面的心得，发表了《被子植物的一个多元的新分类系统》一文，他的主要论点是被子植物出自多元，也就是说，被子植物不是起源于一次，而是多次起源的。这是中国植物分类学首次创立的一个新的被子植物分类系统，这个理论对传统的植物分类学是一种背离，因而遭到不少人的冷遇和讥笑。直到胡先骕去世30多年之后，才逐渐得到学术界的肯定和重视。

胡先骕以自己渊博的学识为祖国争得了荣誉，他无愧于“中国植物分

类学之父”的美誉。

被子植物的属种十分庞杂，因此，对被子植物的祖先存在单元论和多元论两种起源说。持单元论观点的人认为被子植物只起源于一个共同的祖先；持多元论观点的科学家则认为被子植物来自许多不相亲近的群类，胡先骕是多元论的代表。

植物学开拓者刘慎谔

70多年前，为了发展我国现代植物科学事业并在社会上普及植物学知识，19位植物学家发起成立了中国植物学会。在这19位发起人中就包括后

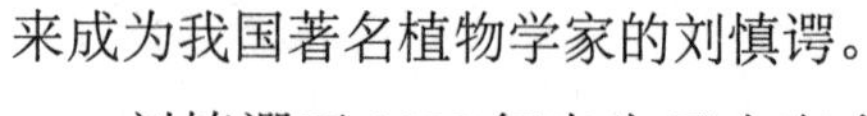

来成为我国著名植物学家的刘慎谔。

刘慎谔于1898年出生于山东牟平一个农民家庭。幼时靠伯父资助上过几年私塾。1918年在济南第一中学毕业后考入保定留法高等工艺学校预备班。1920年到法国勤工俭学，在郎西大学农学院学习植物学。他勤奋学习，刻苦攻读，就是在星期天和节假日也很少休息。他带着面包和植物标本夹到法国各地去采集植物标本和调查研究。1926年，一位法国植物学家向刘慎谔提出了有关法国高斯山区植被的几个问题，他为了解答这几个问题，只身一人在高斯山区辛勤工作了3年，于1929年在巴黎大学提出《法国高斯山植物地理的研究》学术论文，并通过答辩，获得法国国授理学博士学位。

刘慎谔在法国留学近10年期间，几乎走遍了法国的名山大川，采集了两万多号植物标本，对法国的植物有很深的研究。他的学习和工作精神以及他的著作，都受到法国朋友们的称赞。1929年，刘慎谔怀着研究和发展

中国植物学科的雄心壮志，带着一箱子书籍、资料和大量植物标本回到了祖国。

刘慎谔回国后，被聘为北平研究院新成立的植物学研究所所长兼专任研究员。他一面从国内外收集有关研究资料和图书，一面组织人力分头到各地去采集植物标本。他还亲自培养人才，教所内工作人员学习法文，讲授有关植物学科的理论知识和研究方法，同时还选派人员出国学习。这一切努力使植物科研工作逐步走上轨道，从无到有地发展起来，为以后我国植物学的发展奠定了基础。

1931 年，刘慎谔参加了由中法科学家组成的“中法西北学术考察团”。从北京到迪化（今乌鲁木齐）考察植物和森林。途中，考察团因故解散，刘慎谔便只身前往新疆等地考察。1932 年初，刘慎谔为了尽可能地得到第一手资料，决定独闯青藏高原。他买了一群羊，单人匹马，经天山越昆仑，一人在这没有人烟的青藏高原进行植物考察。从 1931 年 5 月离开北平后，除了收到他托人从乌鲁木齐带回的两箱标本外，就再也没有收到他的只字片语，他在北京的家人和同事都十分焦急，以至于大家都认为他遇难了。正当人们准备为他举行追悼会时，却由印度德里飞来一纸电文，原来他已穿越青藏高原，进入印度。接着他又由德里北去，入克什米尔，最后抵达加尔各答，继续考察，采集到植物标本 2500 多号。

1933 年 2 月，刘慎谔安全回到了北京，这次考察历时近两年。后来他又数次到西北考察，将所得资料写成了《中国西部和北部植物地理》一书，为我国新疆、青海和西藏地区的植物种类、植物地理分布、植物区系、植被类型和植被区划等方面收集了最早的一批珍贵科学资料。在此期间，刘慎谔在北平万牲园筹建了一个植物园。几年后，由于日本帝国主义从东三省向关内进犯，北平形势紧张。刘慎谔为了避免损失和能够继续进行科研工作，把植物学研究所迁到武功，和国立西北农学院联合成立了西北植物调查研究所。他亲自到西北各地挖掘苗木、收集花木，又筹建了一个植物园。1941 年，刘慎谔随北平研究院南迁到昆明，住在昆明西山的一个庙里。他继续采集植物标本并调查研究，同时还在西南联大兼课，并在昆明又筹

建了一个植物园。在那动乱的年代里，他勤勤恳恳地工作，走到哪里研究到哪里，就把植物园建立到哪里。他散播的科学种子到处生根、发芽。

新中国成立后，刘慎谔担任了东北农学院植物调查所所长，后又在沈阳中科院林业土壤研究所担任领导职务，为森林的合理开发提出了独特见解，为东北的植物研究作出了杰出的贡献。

刘慎谔一生著作颇丰，先后撰写、主编了《动态的植物学》《历史植物地理学》等几十本植物学著作，是我国著作最多的植物学家之一。1975 年 11 月 23 日，为祖国科学事业奋斗终生的刘慎谔教授去世了。但是他创建的事业和撰写的大量著作，都是留给后一代植物学工作者的宝贵财富。他不屈不挠的创业精神将永远激励着我国年轻的植物学工作者勇攀植物学高峰。

知识链接 >>>

中国植物学会于 1933 年 8 月 20 日在重庆成立。第一届会员 105 人，钱崇澍当选为第一任会长。在中国植物学会的 19 位发起人中有 13 位是植物分类学家，他们是：胡先骕、钱崇澍、陈焕镛、辛树帜、裴鉴、秦仁昌、钟心煊、刘慎谔、吴韫珍、陈嵘、董爽秋、张埏、林镕。

“植物魔术师”卡弗

1921年，在美国参议院举行的一次会议上，一位年近花甲、身着黑衣的黑人学者走上讲台，向参议员们展示了干酪、黄油、纸、墨水、肥皂等一大木箱食品和用品。当他谈到这些都是他研制的花生制品时，全场哗然。他用雄辩的事实证明，花生是一种十分有价值的农产品，应该受到关税的保护。这位黑人学者就是被称为“植物魔术师”的乔治·卡弗。

卡弗出生在密苏里州一个农场主的庄园里。他自幼丧父，同母亲相依为命，人们并不清楚卡弗确切的生辰，因为他是黑人。在卡弗出生的那个年代和地点，黑人还处在奴隶地位，被人视若牛马，不当人看。他生下来还只有几个月大的时候，就和母亲被一群盗卖奴隶者抢走，母亲不久就被转卖到他乡。农场主用一匹马换回并收养了他，起名乔治·卡弗。因此小卡弗的准确出生日再也无人知晓，只知大约是1864年。

卡弗从小就非常喜爱植物，经常一人到山野里去采集花草树木，然后带回农场种植。小卡弗10岁的时候，强烈的读书愿望使他来到了威尼奥肖城。开始他一边学习，一边靠砍柴、送信挣钱来维持生活，晚上就睡在城

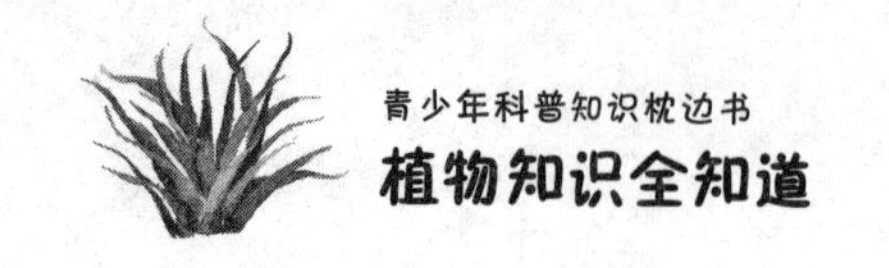

边一个破谷仓里。学校放假后，他就到附近农民家里干活挣学费。后来他又来到堪萨斯州的斯科特堡继续求学。在这里他继续靠打工、做家务维持生活和学业。就这样经过三年，他终于读完了高中。强烈的求知欲促使卡弗决心上大学，但当时，美国各大学都不招收黑人学生。他经过一次次努力，终于在 1887 年秋天，敲开了艾奥瓦州辛普森学院的校门，成了该院第一位黑人学生，三年后他以优异的成绩毕业，并被辛普森学院推荐进入艾奥瓦州立农学院继续深造。1892 年卡弗获得了理学硕士学位，并留校担任植物学课教师。

1896 年，卡弗已是一位小有名气的植物学家了。但就在这时，他放弃了母校较为优裕的生活和工作条件，前往南方的亚拉巴马州特斯基吉一所新开办的黑人师范和专业学校任教。在这里他担任了农学系主任，并为学校的建设作出了巨大贡献。

20 世纪初，棉铃虫蔓延到亚拉巴马州，对棉花生长影响十分严重，再加上连年种植同一种农作物，地力消耗很大，棉花种植业面临严重危机。当人们询问卡弗该怎么办时，他果断地说："铲除棉花，喷洒农药，一个月后种花生。"

"花生！"人们叫嚷道，"花生是猪食呀！人们只是吃上几颗，但却吃不多的。谁也不会找我们买花生的。我们可不能单单靠花生过日子。""你们错就错在这里了，"乔治 · 卡弗说道，"花生是人类的极好的食品。咱们还能用花生制作各种各样的东西。只管种花生吧。我会告诉你们花生有什么用处的。"卡弗随后写了一篇论文并把它寄给几百个自耕农。论文里说，花生能使土地肥沃且易于生长，人吃了花生对身体有好处，用花生喂猪，就能长出很好的肉，而且花生油是世界上最好的一种植物油。

亚拉巴马州的许多自耕农听卡弗的话种起了花生。卡弗很高兴，但也很担心。他们怎么处置这么多的花生呢？怎样才能卖掉这么多的花生呢？他带了几篮子花生走进自己的实验室并且锁上了门。过了几天，他走出实验室对他的几个学生说："跟我来。"实验室里摆着的全是用花生制作的人造干酪、人造牛奶、粉扑、油墨、黄油、肥皂、咖啡和着色剂的样品。

1921 年，花生种植者联合会邀请卡弗去华盛顿对美国参议院的一个委员会发表讲话。他带了一口大木箱，里面装满了他用花生制作的产品。他向参议员们证明，花生是一种极其珍贵的食品，理应制定进口税率加以保护。

成功地推广了花生种植以后，卡弗转而对亚拉巴马人种的另一种食粮——甘薯发生了兴趣。他成功地用甘薯制作了 100 多种产品。其中有面粉和人造橡胶。在 1914 ～ 1918 年第一次世界大战期间，卡弗带着甘薯到华盛顿，美国政府立刻把甘薯面粉用作美军、英军和法军的食粮。

1943 年 1 月 5 日，卡弗在亚拉巴马州的特斯基吉逝世。此后，美国政府买下了他的出生地——密苏里州的卡弗农场，并在这里建成了乔治 · 卡弗遗物及档案馆，以纪念这位杰出的植物学家。

智慧人生 >>>

在美国，人们往往把卡弗和大发明家爱迪生相提并论。他俩的相似之处不仅是搞出了众多的科学发明，而且还在于卡弗和爱迪生一样都有一段苦难的童年经历以及不屈不挠的奋斗史，正因为如此，他才从一名黑奴成长为与爱迪生齐名的发明家。

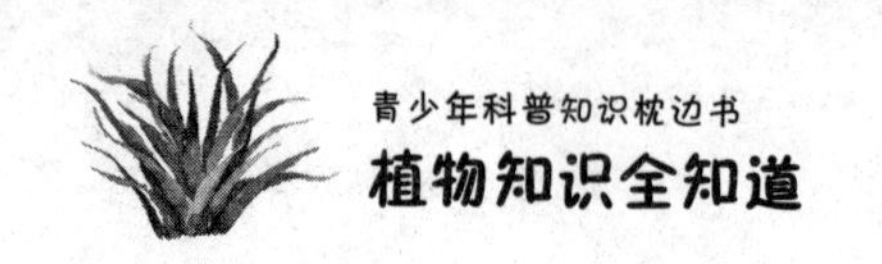

巴克斯特的实验

俗话说：“人非草木，孰能无情。”其实不然，人们通过一系列实验证明植物也是多情种。克里夫 · 巴克斯特的实验就是其中之一。

巴克斯特是美国中央情报局的测谎仪专家，1966年2月的一天，他在给庭院的花草浇水时，一时心血来潮，把测谎仪的电极连到了一株天南星科植物——牛舌兰的叶片上，并向它根部浇水。当水从根部徐徐上升时，他惊奇地发现：测谎仪的电流计并没有像预料中那样出现电阻减小的迹象，在电流计图纸上，自动记录笔不是向上，而是向下记下一大堆锯齿形的图形，这种曲线图形与人在高兴时感情激动的曲线图形很相似。

巴克斯特随后改装了一台记录测量仪，并把它与植物相互连接起来。他构想了对植物采取一次威胁行动——用火烧植物的叶子，一瞬间在心中想象了这一燃烧的情景，图纸上的示踪图瞬间就发生了变化，在表格上不停地向上扫描。而巴克斯特此时根本没有任何动作。随后他取来了火柴，刚刚划着的一瞬间，记录仪上再次出现了明显的变化。燃烧的火柴还没有接触到植物，记录仪的指针已剧烈地摆动，甚至记录曲线都超出了记录纸

的边缘，出现了极强烈的恐惧表现。后来他又重复多次类似的实验。他发现植物还具有辨别人真假意图的能力，比如，当他假装着要烧植物的叶子时，图纸上却没有这种反应。巴克斯特和他的同事们在全国各地的其他机构用其他植物和其他测谎仪做了类似的观察和研究。他们对25种以上不同的植物和果树进行实验，其中包括莴苣、洋葱、橘、香蕉等，得到的是相同的观察结果。

巴克斯特曾经设计过这样一个实验：他当着植物的面，把几只活海虾丢入沸腾的开水中，这时，植物马上陷入到极度的刺激之中。实验多次，每次都有同样的反应。为了排除任何可能的人为干扰，保证实验绝对真实严谨，他用一种新设计的仪器，不按事先规定的时间，自动把海虾投入沸水中，并用精确到1/10秒的记录仪记下结果。巴克斯特在三间房子里各放一株植物，让它们与仪器的电极相连，然后锁上门，不允许任何人进入。第二天，他去看实验结果，发现每当海虾被投入沸水后的6～7秒钟后，植物的活动曲线便急剧上升。根据这些，巴克斯特指出，海虾死亡引起了植物的剧烈曲线反应，这并不是一种偶然现象。几乎可以肯定，植物之间有交流，而且，植物和其他生物之间也能发生交流。在美国耶鲁大学，巴克斯特曾当众将一只蜘蛛与植物置于同一屋内，当触动蜘蛛使其爬动时，仪器记录纸上出现了奇迹——早在蜘蛛开始爬行前，植物便产生了反应。显然，这表明了植物具有感知蜘蛛行动意图的超感能力。

为研究植物的记忆能力，巴克斯特将两棵植物并排置于同一屋内，让一名学生当着一株植物的面将另一株植物毁掉。然后让这名学生混在几个学生中间，都穿一样的服装，并戴上面具，向活着的那株植物走去，最后当“毁坏者”走过去时，植物在仪器记录纸上立刻留下极为强烈的信号指示，表露出了对“毁坏者”的恐惧。类似验证植物具有记忆力的实验还有很多，例如，有人曾把测谎仪接在一盆仙人掌上，一个人把仙人掌连根拔起，扔在地上，然后把仙人掌栽到盆里，再让那个人走近仙人掌，测谎仪上的指针马上抖动起来，同样显示出仙人掌对这个人很害怕。

巴克斯特的实验虽引起了科学界的巨大反响，但当时许多科学家认

为难以理解，他们表示怀疑，美国加利福尼亚国际商业公司的化学博士麦克·弗格则认为这种研究有点荒诞可笑。他为了寻找反驳和批评的可靠证据也做了很多实验。但在他得到实验结果后，态度却一下子来了个大转变，由怀疑变成了支持。这是因为他在实验中发现，当植物被撕下一片叶子或受伤时，会产生明显的反应，而且还证明了植物具有感知人心理活动的能力。于是，弗格一改原来的观点，在一次科学报告会上指出，植物存在着一种可测量到的“心理活动”，通俗地说，就是植物会“思考”，也会“体察”人的各种感情。

一连串神奇的新发现，使科学家们感到越来越难以理解，假如植物确实有丰富的“感情”，那么，它岂不是也会像人类那样产生活跃的“精神生活”？近年来，许多的生物学家对这项研究产生了浓厚的兴趣，纷纷加入了这一研究行列。尽管已经有了众多的实验证据，但关于植物有没有“感情”的探讨和研究，依然没有得到所有科学家的肯定。看来，自然界又多了一个待解之谜。

智慧人生>>>

纷繁复杂的自然界有着无穷的奥秘。人们对大自然进行研究和探索时，常常会遇到一些意想不到的新问题。思维灵活的人们就会敏锐地抓住这些新问题进行研究，往往会得到意想不到的成果。巴克斯特的实验就是一个很好的例子。

“小麦先生”布劳格

他是1970年诺贝尔和平奖得主，他的高产杂交小麦技术帮助数百万人远离了饥饿，他就是美国著名的农学家，有“绿色革命之父”“小麦先生”之誉的诺曼·布劳格。

布劳格出生在美国艾奥瓦州。他的童年是在寒冷、饥饿中度过的。14岁那年，布劳格随父亲到田里去观察麦子的长势，他发现有的地块的麦子长得很好，有的地块的麦子却长得不好。有的相邻的两块地长势却大不相同，这究竟是什么原因呢？其实布劳格发现的这个问题，正是有待人们开拓的一个新的科学领域，发生在布劳格脚下这块土地上的这种现象，正是导致农业衰退的根本原因。

长大以后，布劳格考上了明尼苏达大学的林学系，但后来有一件事震动了他，使他改变了自己的专业。那是课后在校园里漫步时，布劳格被贴在演讲厅门前的一张海报吸引了，海报的内容是一次题为“病虫害、人口、世界性饥饿”的学术报告。他当即走进会场，仔细聆听了植物病理学系主任斯塔门博士的演讲。斯塔门博士富有说服力的理论使诺尔曼的心灵撞击着、震撼着。他把自己听到的有关世界性的饥饿、粮食、人口、病虫害、

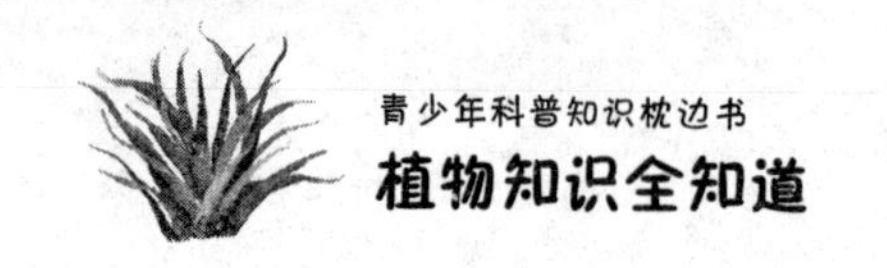

科学等，全都讲给女友玛格利特听，然后他十分庄重地对女友宣布："我要跟着斯塔门博士学习和研究。"听了他的决定，玛格利特用赞同的口吻说："好吧，你去读植物病理学研究生吧，让我去工作，这样咱们的生活也不成问题。"这是一个重要的决定，1938年年初，明尼苏达大学林学系毕业的高才生立即成了斯塔门博士的谷物植物病理学的研究生。布劳格开始了从事谷物植物研究的伟大事业。

1944年10月，布劳格跟随一个由农业专家组成的工作小组前往墨西哥。他们是被美国政府派去帮助墨西哥解决粮食问题的，具体的工作包括培育出适合当地生长的小麦、玉米和豆类的新品种，改良土地，改革农作制度。

墨西哥农民是在1901年的流血革命中分到土地的，但他们既不懂耕种技术，又没有农具。他们把政府给他们的贷款全部滥用掉，依照他们自己的方式年复一年地种地，从来不懂得什么饲养、种植、施肥等。几千年来，他们在这块土地上种植着同样的作物，土地的精华早已消耗殆尽，而他们却完全不懂得如何使土地恢复它的元气。人们用流传下来的老方式耕种，早已远远落后于时代，但就连有文化的农场主也不肯接受新的耕作方法。更令人感到无奈的是，他们迷信鬼神，无论如何都无法改变他们的这种愚昧无知和固执。农学家们在这样的环境中，很难开展工作。有位农民好不容易答应借给布劳格一英亩土地作为小麦试验田，但当布劳格把铁犁套在牛身上耕地时，那位农民却暴跳如雷地叫喊着：铁犁破坏了他土地的气脉。第二天当布劳格再到地里去时，发现自己种了麦子的地已经被牛蹄子踩得一塌糊涂了。但布劳格并不气馁，他决心要排除各种障碍，和小组的专家们一起培养出墨西哥自己的农学家队伍，使他们掌握美国使用的最新农业科技，独立承担发展本国农业的任务。然而困难是难以预料的，布劳格试验站培育的小麦新品种成功以后，决定立即向农民推广。但是农民们不以为然，谁也不肯带头试种。一位美国移民告诉布劳格，如果取得当地一位有钱有势的农场主罗道尔佛的赞同和支持，就有可能在这个地区打开局面。布劳格找到罗道尔佛后，很明显地感到罗道尔佛根本不相信他们的研究成

果。布劳格只好决定在自己的试验田里开一个现场会，让罗道尔佛及附近农民亲眼看看自己培养的小麦旺盛的长势。但当他把现场会的请帖发出去以后，竟然没有一个人来参加。他又生气又无奈，他盼望有机会能教训教训这位农场主。

机会终于来了。当地农民的麦田流行起了锈病。布劳格把这个消息告诉罗道尔佛，希望引起他的重视转而同意帮助推广自己抗锈病的小麦新品种，但罗道尔佛还是不同意，反而领布劳格去参观自己的麦田。布劳格当即告诉他：这种麦子遇到大风，颈部非常容易被折断，但罗道尔佛根本听不进去。10 天以后，他打电话告诉布劳格他的小麦果然被大风吹断了一大半。这件事教育了罗道尔佛，他非常诚恳地对布劳格说："将来凡是你对我讲的话，我一定记住。"

第二年，布劳格又在自己的试验田里举办了现场会，亚基河谷的农民们在罗道尔佛的号召下都来参加了。接着在亚基河谷，推广小麦新品种的工作取得了很大成功。又一个麦收季节结束后，墨西哥亚基河谷的农民们取得了三倍于往年的收成，锈病没有带来威胁，农民们丰收了。农民们把布劳格看成了上帝的使者。

1947 年夏天，在墨西哥城召开了拉丁美洲第一次科学会议，布劳格向与会的巴西、阿根廷、智利、秘鲁、哥伦比亚等国的农学家们介绍了自己在墨西哥发展小麦生产方面所取得的成就，人们以经久不息的掌声回报了他的努力。

20 世纪 60 年代，布劳格成功地将"农林 10 号"矮秆基因用于小麦育种，育成了高产、抗病、适应性强的矮秆小麦。短短的四年时间内，这种矮秆小麦就在墨西哥广泛种植，播种面积达到总面积的 95%，使墨西哥的小麦产量提高了近两倍。由于这些新品种均来自穿梭育种，适应性广，因此它也很快被推广到了拉丁美洲、中东、亚洲的一些国家，创造了小麦产量大幅提高的奇迹。

1963 年，布劳格受命前往巴基斯坦和印度。然而，印度和非洲等国已经习惯了种植本土的谷物，如扁豆或木薯。最初，当地政府将布劳格的想

法视为“西方植物取代本土种植物”而不予接受。但布劳格坚持认为，高产量的新式小麦生长迅速，在任何环境下都能生长，又因为其自身抗昆虫能力，不需要太多的杀虫剂，因此能够解决当地的饥荒问题。到了1965年，受印巴战争影响，当地饥荒加剧，两国才开始允许其进行矮秆小麦的试验。

布劳格的试验成功了。这两个国家的小麦产量以每年70%的速度开始增长，饥荒得到了控制。1968年，美国国际发展机构在年度报告中将印度次大陆的粮食增长现象称为“绿色革命”。从此，布劳格就成了“绿色革命之父”。

从20世纪60年代到90年代，世界粮食产量翻了一倍，很多人认为，“绿色革命”转变了20世纪前半时期的全球饥荒局面，并拯救了大约100万个生命。为了表彰布劳格对消除世界饥饿所作的杰出贡献，1970年他被授予诺贝尔和平奖，这是迄今为止，诺贝尔和平奖唯一一次授予一位农业科学家。此后，功成名就的布劳格并没有停下脚步，直至耄耋之年，他仍致力于消除非洲的饥荒。2007年，美国国会向布劳格颁发金质勋章。这是美国国会设立的个人最高荣誉。2009年9月12日，布劳格在得克萨斯州的家中逝世，享年95岁。

智慧人生>>>

布劳格一生都在为改善他人生活、对抗人类贫困而努力，但他为人低调，生前鲜有人知。在成功的背后，谁又能知道他为此撒下了多少汗水，付出了多少代价，经受了多少失望与希望的煎熬。布劳格的默默无闻，正是科学精神的真正体现。

斯瓦米纳坦的“绿色革命”

20世纪60年代，亚洲遭遇严重的粮食危机，人口大国印度处于饥荒的边缘。危难时刻，一位科学家挺身而出，引导印度展开了一场“绿色革命”，通过改良小麦和大米品种，实现粮食大幅增产，成功地把印度从大饥荒的边缘拉回，令印度不但实现了建国以来粮食自给自足的梦想，而且还能有所出口。这位科学家就是被尊称为印度“绿色革命之父”的斯瓦米纳坦。

斯瓦米纳坦1925年出生在印度的泰米尔纳德邦，他的父亲是一名外科医生，也是圣雄甘地的坚定追随者。他的母亲来自印度南部一个颇有影响力的家族。斯瓦米纳坦的父母都非常注重个人修养，对工作非常认真，这些优秀品质都潜移默化地影响着小斯瓦米纳坦。在他们的照拂下，斯瓦米纳坦度过了幸福而衣食无忧的童年。1940年，年仅15岁的斯瓦米纳坦高中毕业，他考入印度南部港口城市特里凡得琅的王公学院，由于成绩优异，两年后即获得了动物学的学士学位。

20世纪40年代，独立前的印度局势动荡，粮食短缺，1942年和1943

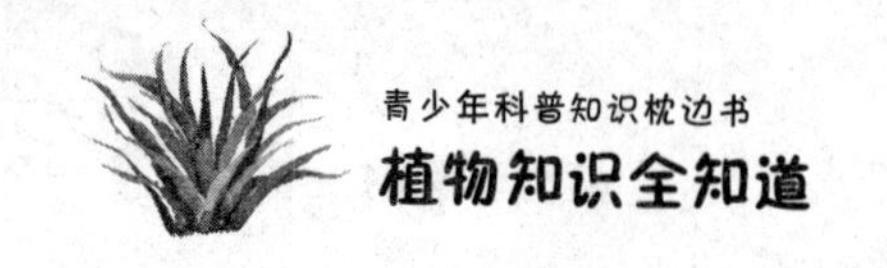

年，一场大饥荒席卷印度西部的孟加拉邦，饿殍遍野。斯瓦米纳坦曾亲眼目睹过印度南部农民的生存现状，在闻说孟加拉邦发生大饥荒后，他坐立不安，做出了一生中最重要的决定——投身农业。此后，他进入印度南部城市哥印拜陀农业学院继续深造，最后以优秀毕业生的身份毕业，获得了第二个学士学位——农业学学位。

1947 年，印度从英国的殖民统治下独立，当年，斯瓦米纳坦来到位于首都新德里的印度农业研究院攻读遗传学和育种方面的硕士学位。不久后，斯瓦米纳坦来到位于荷兰的瓦格宁根大学遗传学学院进行土豆遗传学的研究。他成功地将一大批野生茄属植物的基因转换成可以广泛培育的可食用土豆基因，并将这一过程标准化。1950 年，斯瓦米纳坦转到剑桥大学农业学院的育种研究所学习，两年后获得剑桥大学的博士学位。世界的大门继续向斯瓦米纳坦敞开。之后不久，斯瓦米纳坦接受了美国威斯康星大学的邀请，来到该大学做博士后研究，帮助威斯康星大学遗传学系建立了美国农业部土豆研究站。在美国期间，斯瓦米纳坦总共发表了 9 篇论文，学业成就令人瞩目。

1954 年，斯瓦米纳坦回到了印度，开始进行杂交小麦的研究。经过艰苦的努力，他用优质日本麦种和墨西哥麦种培育出了一种非常适合印度气候的杂交小麦新品种。在这种小麦被培育出两年后，印度小麦产量迅速提高。20 世纪 60 年代，印度水稻单位面积产量为每亩 133 公斤，到了 90 年代中期，产量升至每亩 400 公斤。印度不仅从此不再发生饥荒，而且成为全球主要稻米出口国之一。

如今，斯瓦米纳坦的“绿色革命”过去 40 多年了，印度农业再一次走到了十字路口。由于片面追求高产导致土地贫瘠，曾经夺目的“绿色”逐渐泛黄，印度人又开始面临人均口粮短缺的问题。在这个新的历史时刻，斯瓦米纳坦准备发起“第二次绿色革命”——结合科学、经济学和社会学来增加粮食产量的可持续发展农业。斯瓦米纳坦希望，保护性耕作以及绿色科技将为印度农业带来可持续发展，令印度成为世界更大的粮食出口国。

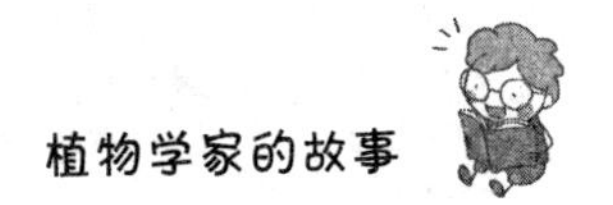

知识链接>>>

“绿色革命”是指20世纪中期一些发达国家和墨西哥、菲律宾、印度、巴基斯坦等许多发展中国家，开展利用“矮化基因”，培育和推广矮秆、耐肥、抗倒伏的高产水稻、小麦、玉米等新品种为主要内容的生产技术活动。当时有人认为这场改革活动对世界农业生产所产生的深远影响，犹如18世纪蒸汽机在欧洲所引起的产业革命一样，故称之为“绿色革命”。

“杂交水稻之父”袁隆平

大米，是中国人的主要食品。可长期以来，水稻产量不高，农民们成年累月种田栽稻，还是满足不了“吃”的需要。就是在这样的情况下，20世纪60年代，我国涌现出一位为国攻关，成功地解决了这个难题的科技新星，他就是被誉为“杂交水稻之父”的袁隆平。

袁隆平生于1930年，祖籍江西省德安县。1938年秋，因日本帝国主义侵略我国，8岁的小隆平随父母逃难来到湖南。1946年，袁隆平又随父亲迁入汉口，进入汉口博学中学。两年后，他父亲又在南京政府侨务委员会谋到一份差事，袁隆平又进入南京中央大学附中学习。

袁隆平在高中读书时，一次游园活动使他对生机盎然的花草、果木和蓬勃生机的大自然，产生了极大的兴趣。高中毕业时，他没有听从父亲要他报考南京的重点大学，以图将来升官发财、光宗耀祖的意见，转而报考了重庆相辉学院的农学系，并以优异的成绩被录取。四年的大学学习中，袁隆平广泛猎取各种知识，并对米丘林、摩尔根、李森科等人的多种不同学术观点的理论进行了初步的比较研究，打下了坚实的专业基础。

大学毕业后，袁隆平便来到了湖南安江农校任教。在教学当中，袁隆平不满足于仅当一名合格的中专老师，还想在农业科研上搞出点名堂来。10多年来，他始终坚持一边教学，一边科研，教学与科研、生产紧密结合。

20世纪50年代，生物教学中主要向学生讲苏联植物学家米丘林、李森科的遗传学说，他就按照其理论进行无性杂交、嫁接培养、环境影响等方面的实验，把月光花嫁接在红薯上、西红柿嫁接在马铃薯上、西瓜嫁接在南瓜上，得到了一些奇花异果，但并没有得到经济性状优良的无性杂交种。这引起他的深思，并决心扩大视野，另辟蹊径。到60年代，他从外文杂志中获悉，欧美的孟德尔、摩尔根创立的染色体、基因遗传学说，对良种繁育有重大指导作用。他就开始大胆地向学生传授染色体、基因学说，讲杂种优势利用在作物育种中的广阔前景，自己也开始向水稻的杂种优势利用方面探索。

1960年，袁隆平发现了天然杂交水稻，这种稻穗谷大粒多，籽粒饱满，与众不同。袁隆平确信，搞杂交水稻的研究，具有光明的前景！可是，杂交水稻是世界难题。因为水稻是雌雄同花的作物，自花授粉，难以一朵一朵地去掉雄花搞杂交。这样就需要培育出一个雄花不育的稻株，即雄性不育系，然后才能与其他品种杂交。这是一个难解的世界难题。袁隆平知难而进，他认为，雄性不育系的原始亲本，一株自然突变的雄性不育株，也能天然存在。中国有众多的野生稻和栽培稻品种，蕴藏着丰富的种子资源，是水稻的自由王国，“外国人没有搞成功的，中国人不一定就不能成功”。

从1964年6月起，袁隆平花了两年时间，带领妻子邓哲，在稻田里前后共检查了14000余个稻穗，找到了6株雄性不育的植株，对不育种子进行了无数次繁殖、试验。1966年6月，他将几年来研究杂交水稻的重要成果写成论文《水稻的雄性不孕性》发表在《科学通报》上。这篇重要论文的发表，被一些同行们认为是“吹响了第二次绿色革命”的进军号角。在各方面的支持下，袁隆平带领一批科技人员经过8年的奋斗，终于完成了“过五关”——提高雄性不育率关、三系配套关、育性稳定关、杂交优势关、

繁殖制种关，1974 年，第一个强优势组合“南优 2 号”杂交水稻试验成功。这种杂交水稻亩产达到 1000 多斤，在全国推广后，我国稻谷在几年中增产了 1000 多亿公斤。

随着杂交水稻培育的成功和在全国大面积的推广，袁隆平名声大振。在成绩和荣誉面前，袁隆平公开声称，现阶段培育的杂交稻的缺点是“三个有余、三个不足”，即“前劲有余、后劲不足；分蘖有余，成穗不足；穗大有余，结实不足”，并组织助手们，从育种与栽培两个方面，采取措施加以解决。20 世纪 80 年代初期，面对世界性的饥荒，袁隆平心中再一次萌发了一个惊人的设想，大胆提出了杂交水稻超高产育种的课题，试图解决更大范围内的饥饿问题。

1985 年，袁隆平以强烈的责任感，发表了《杂交水稻超高产育种探讨》一文，提出了选育强优势、超高产组合的四个途径，其中花力气最大的是培育核质杂种。可是多年的育种实践，却没有产生出符合生产要求的组合。他便果断迅速地从核质杂种研究中跳了出来，向新的希望更大的研究领域去探索。

袁隆平凭着丰富的想象、敏锐的直觉和大胆的创造精神，认真总结了百年农作物育种史和 20 年“三系杂交稻”育种经验以及他所掌握的丰富的育种材料，于 1987 年提出了“杂交水稻育种的战略设想”，高瞻远瞩地设想了杂交水稻的三个战略发展阶段，即三系法为主的品种间杂种优势利用；两系法为主的籼粳亚种杂种优势利用；一系法为主的远缘杂种优势利用。这是袁隆平杂交水稻理论发展的又一座新高峰。

随着杂交水稻在世界各国的试验试种，杂交稻已引起世界范围内的关注。自 1981 年袁隆平的杂交水稻成果在国内获得新中国成立以来第一个特等发明奖之后，从 1985 年到 1988 年的短短 4 年内，又连续荣获了 3 个国际性科学大奖。国际水稻研究所所长、印度“绿色革命之父”斯瓦米纳坦高度评价说：“我们把袁隆平先生称为杂交水稻之父，因为他的成就不仅是中国的骄傲，也是世界的骄傲，他的成就给人类带来了福音。”

1999 年中国科学院北京天文台施密特 CCD 小行星项目组发现的一颗

小行星被命名为袁隆平星。袁隆平获得2000年度国家最高科学技术奖，2006年4月当选美国国家科学院外籍院士，2010年荣获澳门科技大学荣誉博士学位，2017年7月任青岛海水稻学院首席教授。2017年9月，袁隆平宣布一项剔除水稻中重金属镉的新成果。

智慧人生 >>>

袁隆平赞成这样一个公式：知识＋汗水＋灵感＋机遇＝成功。从这个公式我们可以看出，他绝对不是靠运气才搞出的杂交水稻。他是一个在自我理念的引导下不畏艰难才走向成功的典范，是一个一辈子都走在创新道路上的探索者。

植物的世界

绚丽多彩的植物界

植物是一个庞大而复杂的家族，截止到2005年，世界上大约有40万种已知植物。一般认为，最早的植物出现在海洋中，它们结构简单、种类贫乏。经历了30多亿年的漫长岁月，植物的祖先才完成了由水中转到陆地、由简单到复杂、由低等到高等、由木本到草本的演化过程，加上天然杂交和多倍体的形成，才使我们有了今天这样绚丽多彩的万千品种和优良的植物资源。

植物界最简单的分类就是按照植物体结构的完善程度，分为两大类：低等植物和高等植物。低等植物包括藻类植物、菌类植物、地衣植物；高等植物包括苔藓植物、蕨类植物、种子植物。

细菌和蓝藻是地球上最原始、最古老的生物种类，它们是一群由一个没有细胞核或没有核膜的核和原生质团组成的生物，即原核生物。它们进一步发展，产生了有细胞核和细胞器的真核生物，如硅藻、黄藻、裸藻等，其结构变得稍为复杂，类型和队伍也更加壮大。特别是绿藻，在植物演化

中居于主干地位，多数学者认为它是高等植物的祖先。藻类再经过不断进化，它们由单细胞植物进化到多细胞植物。不过，这时它们仍然只生活在水域里，海洋是名副其实的生命的摇篮。

从水生到陆生，是植物发展的第二个大飞跃。生长在水边的一些藻类，由于不断受到陆地环境的锻炼与考验，体内逐渐产生了输送水分的输导组织——维管束，为植物的登陆创造了条件。有些刚离开水域到陆地生活的植物还未分化出根、茎、叶，长在地下的部分和地上部分形状完全相同，所以称它为轴，有的人称它固着的部分为根状茎或根状枝。有的只有茎、“根”，还没有真正的叶，不少种类还过着“两栖”生活。

直至距今天 4 亿多年前的志留纪中晚期，虽然此时气候仍然炎热干燥，但是由于大气层外圈的臭氧层已经有了一定的厚度，具有降低太阳的紫外线强度的作用，水生植物的登陆尝试终于成功。蕨类植物中最原始的裸蕨成了登陆的第一位先锋，从此以后，大陆开始披上了绿装，使植物进化史上又出现了一次大飞跃。植物到了新环境生活以后，在努力使自己的体形和内部结构适应新环境的同时，也不断地改变新环境的恶劣条件，使环境更有利于其自身的发展。到了距今 3.6 亿～ 2.5 亿年的石炭—二叠纪，地球上气候温暖潮湿，为植物提供了良好的生长条件，有的植物长得又高又大，成为大片大片的森林，有些鳞木类或木贼类植物，胸径达几米，高几十米，真是一派郁郁葱葱的繁荣景象。但到了距今约 2.55 亿年前左右的晚二叠纪，气候开始变化，许多不适应的植物逐渐消亡，逐渐被不断演变出来的新植物种类所代替，像那些盛极一时的古代蕨类，如芦木、鳞木、树蕨等，虽有些零零散散地保存下来，但大部分都遭到毁灭。在一些低洼的地区，大量的植物残体源源不断地聚集在一起，该地区的地层慢慢下沉，其下沉的速度与植物残体大量聚集的速度相一致，久而久之，这个地区就成了我们今天燃烧的煤的产区。由于大量植物被埋藏的条件不同，植物中占主要地位的种类不同以及距今时间不同等诸多因素，所以煤的种类也就多种多样。全世界的煤大约从 3.6 亿年前的时候开始大量形成，直到 1.5 亿年前，特别是 3.6 亿～ 2.86 亿年前这段期间，给人类提供了大量煤质好、储量大的可采煤层。这也就是地质年代表上把这段地质时间的历程称作石炭纪的由来。

由于有了花粉管，受精过程完全摆脱了对水的依赖，植物才算真正地征服了陆地。距今 2.45 亿～ 0.67 亿年前的中生代，是裸子植物最繁盛的时期，银杏、苏铁、松柏类是当时的主要植物。以后由于距今约 160 万年前的第四纪冰川的酷劫，使得世界上很多裸子植物绝灭，唯独我国还保存了银杏、水杉、银杉、台湾杉、金钱松等一些孑遗植物，它们成了举世闻名的“活化石”。

被子植物在距今 1 亿多年前开始出现，是新生代的后起之秀，它是由古老的裸子植物进化来的。它们不仅有种子，而且有果实，使后代更富有生命力和适应环境的可塑性。早期的被子植物为双子叶植物，大多是一些热带的常绿乔木。经过漫长的演化，植物向着干旱、寒冷或高山地区发展，以至从乔木类型变为适应性更强的灌木和草本类型。

在植物这个绚丽多彩的世界里，我国可称得上是植物的宝库。我国的高等植物超过 3 万种，其中经济植物多达数千种，比欧美两洲的经济植物还多。其他，如木本植物、水果品种以及纤维、芳香油、淀粉等植物的自然资源也都极为丰富。随着国民经济发展的需要，我国这座植物宝库大有潜力可挖。

知识链接 >>>

植物是具有光合色素、能进行光合作用、具有细胞壁的真核生物。植物总共有 300 多个大小不同的科，最大的科是菊科，有 23000 多种，最小的科是银杏科、杜仲科等，仅一种。

植物化石的形成与分类

我们知道，地球至今已经有46亿年的历史了，在地球的各个地质时期中，气候的变化经常是很剧烈的，植物经常遭受到狂风、暴雨、洪水和雷电的袭击。植物的一些枝、叶、果实、种子、花粉和孢子等，往往会脱离植物体而落到地面上，有时甚至整个植株或成片的森林都死掉了。这些植物的遗体大部分在地表被微生物分解了，没有给我们留下任何痕迹。但是，也有一部分植物遗体或被泥土掩埋，或冲入水底而被淤泥、河沙覆盖。由于它们与氧隔绝开来，从而避免了腐烂。它们与泥沙等物质一同胶结，在岩层的压力和地热的作用下，逐渐石化，形成植物化石。

由于沉积环境不同和保存条件的差异，化石的种类也不一样。通常有压型化石、印痕化石和矿化化石三种。

压型化石，是地质时期中的植物被泥、沙包埋以后，经过了岩化作用原来的植物体尚有不同程度的保存。如有的裸子植物或被子植物的叶子叶脉、叶表皮都保存完好，可以用作解剖学研究的材料。有的叶肉组织被分

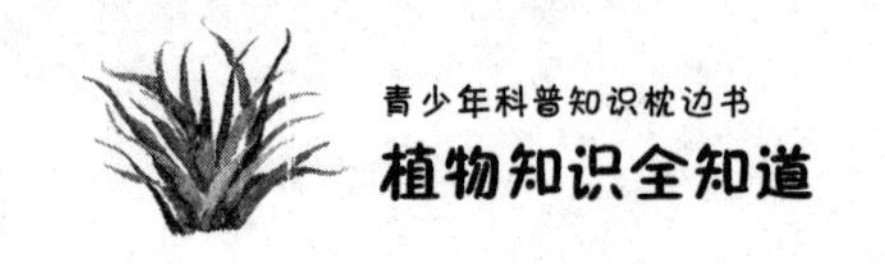

解，只留下叶子外表的角质膜，裸子植物的角质膜较厚，所以在化石中较常见。通过角质膜上的表皮细胞和气孔器的构造形态来研究化石植物的分类位置和亲缘关系的叫角质膜分析。专门研究化石种子的形态、结构，来获得分类学和系统学方面所需要的性状信息的叫古种子分析。这类化石在研究上最有价值。

印痕化石，是包埋植物体的泥、沙经过岩化以后，植物体的本身却被腐烂分解，最后只留下植物体表面的痕迹。在高等植物中比较有价值而且较常见的印痕化石是叶子。在化石叶子中我们不仅能看清它的外形轮廓、叶脉形态，而且还常常能见到它的表皮毛。有的植物在茎干上的纹饰较特殊，所以茎干的印痕化石也十分有价值。如鳞木类常常是根据它叶座上所显示的印痕特征来进行分类的。由于在印痕化石上获得分类信息的量没有压型化石多，所以它不像压型化石那么有价值。

矿化化石，是植物体或它的某一部分被岩石包埋的同时。它的细胞内含物被各种矿物质取代而形成的化石。如果它的细胞内含物被钙质取代叫钙化化石，被硅质取代的叫硅化化石，硅化木就是化石木材细胞的内含物被硅质取代的结果。木化石是古代植物的茎干变成了各种矿化化石的总称，在工艺宝石中称它为木变石，用它可以制作各种各样精美的工艺品和装饰品。研究过去的古气候、古地理和古生态环境的演变需要用化石植物的研究成果，研究植物的来龙去脉更是非有化石不可，所以化石植物逐渐被更多的人重视。

根据我们肉眼对化石植物能够看得见的程度又分为大化石和小化石。顾名思义，大化石是用我们的眼睛能够直接看得清楚的，如化石叶子、果实、种子、茎干、花和多细胞藻类等化石。对一些细菌、单细胞藻类、孢子、花粉之类，由于它们个体很小，必须要用各种显微镜放大到不同倍数才能见得到的叫作小化石，因为它个体微小，也有人叫微化石。由于孢子和花粉的外面有一层能忍受高温高压，不怕酸、碱腐蚀，也不容易被细菌分解腐烂的孢粉壁，因此，在一些找不到大化石植物的地质岩层中，它可以大显身手。

知识链接

过去在地球上曾经生活过，现在已经完全灭绝的植物总数比现在活着的植物总数要多千百倍。有些门类的植物，大部分或绝大部分已经灭绝，变成了化石植物，在化石植物中留下一种或几种还活着，我们称它为活化石。在活化石中有一部分成了受人们瞩目的珍稀的濒危植物。

煤炭的形成

煤炭被人们誉为黑色的金子、工业的食粮，它是18世纪以来人类世界使用的主要能源之一。煤炭是怎么形成的呢？原来，煤炭是千百万年来植物的枝叶和根茎在地面上堆积，形成的一层极厚的黑色的腐殖质，由于地壳的变动不断地埋入地下，长期与空气隔绝，在高温高压下，经过一系列复杂的物理和化学变化，形成的黑色可燃沉积岩。所以说，煤炭也是植物化石，只不过我们看不清其中植物体的面貌罢了。

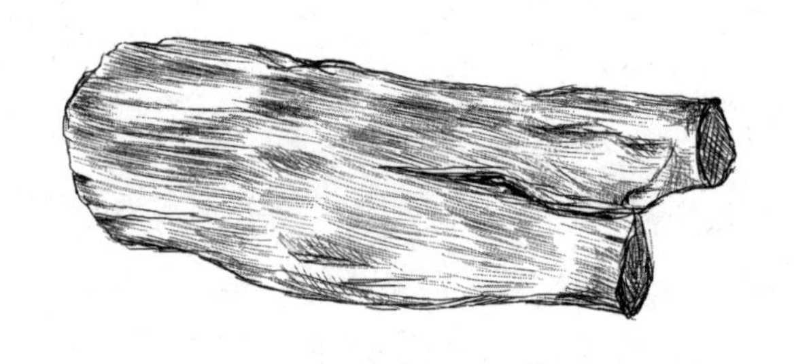

我们可以设想一下煤炭的形成过程：在千百万年前的地质历史期间，由于气候条件非常适宜，地面上生长着繁茂高大的植物，在海滨和内陆沼泽地带，也生长着大量的植物，那时的雨量又相当充沛，当百年一遇的洪水或海啸等自然灾害降临时，就会淹没了草原、淹没了大片森林，那里的大小植物就会被连根拔起，漂浮在水面上，植物根须上的泥土也会随之被冲刷得干干净净，这些带着根须和枝杈的大小树木及草类植物也会相互攀缠在一起，顺流而下，一旦被冲到浅滩、河湾就会搁浅，它们就会在那里聚集，很快这里就会形成一道屏障，把所有的漂浮物都拦在那里，而这个地方还会是下次洪水堆积植物残骸的地方。当洪水消退后，这里就会形成

一道逶迤的堆积植物残骸的丘陵，再经过长期的地质变化，这座植物残骸的丘陵就会逐渐地被埋入地下，最后演变成今天的煤矿。

在整个地质年代中，全球范围内有三个大的成煤期：在古生代的石炭纪和二叠纪，成煤植物主要是孢子植物，主要煤种为烟煤和无烟煤；在中生代的侏罗纪和白垩纪，成煤植物主要是裸子植物，主要煤种为褐煤和烟煤；在新生代的第三纪，成煤植物主要是被子植物，主要煤种为褐煤，其次为泥炭，也有部分年轻烟煤。由于形成煤的环境条件、形成年代以及形成煤的植物种类等因素的不同，所以煤的种类和相应的用途也不同。一般来说，烟煤大多用于工业，无烟煤和褐煤大多用于日常生活。

除了陆地植物能形成煤以外，生活在水中的藻类植物能不能形成煤呢？近年发现，水生植物尽管个体小，植物体幼嫩，但是只要符合形成煤的条件，它们同样也能形成煤，不过这种煤的有机物含量较低，形如石头，所以称它为石煤。从4亿多年前陆地植物出现以前的志留纪、奥陶纪乃至远于5亿年前的寒武纪，都有石煤被发现。在陕西、浙江等地缺煤的地区，石煤是他们的主要燃料之一。有的石煤块外形似黑泥，所以有地方把它称作腐泥煤。

由于煤是大量陆地植物或菌藻植物高度集中、变质的产物。所以在煤里面很难找到可以鉴别植物特征的形态。可是在煤层中有一种叫作煤核的东西，有些矿工叫它为虎子石。这种特殊的石头中却保存着植物的组织和完好的结构形态。煤核名称的来历是由于它的形状是大小不等的块状，有的像球状，最先发现它的外国人把它叫作煤球。为了避免与我们北方日常生活中用的煤球相混淆，所以这里把它叫作煤核。煤核的有机质含量比石煤低得多，所以它在科学研究上虽然很有价值，但是不能当作燃料使用。它在煤矿中像拦路虎一样阻碍煤矿的开采，这就是矿工们叫它虎子石的原因。

现在虽然煤炭的重要位置已被石油代替，但在今后相当长的一段时间内，煤炭仍是人类生产生活中的无法替代的能源之一。

煤炭是地球上蕴藏量最丰富、分布地域最广的化石燃料。它在全球的分布很不均衡，各个国家煤的储量也很不相同。中国、美国、俄罗斯、德国是煤炭储量丰富的国家，也是世界上主要产煤国，其中中国是世界上煤产量最高的国家。中国的煤炭资源在世界上居于前列，仅次于美国和俄罗斯。

植物也有“语言”

在人们的眼里，植物似乎总是默默无闻地生活着，不管外界条件如何变化，它们永远无声地忍耐着。但近年来，科学研究发现，植物其实也有自己独特的“语言”，目前，世界各国的科学家们正在通过各种实验来证实并破译植物的“语言”。

20世纪70年代，一位澳大利亚科学家发现了一个惊人的现象，那就是当植物遭到严重干旱时，会发出“咔嗒、咔嗒”的声音。后来通过进一步的测量发现，声音是由植物杆茎微小的“输水管震动”产生的。不过，当时科学家还无法解释这声音是出于偶然还是由于植物渴望喝水而有意发出的。如果是后者，那可就太令人惊讶了，这意味着植物也存在能表示自己意愿的特殊语言。

不久以后，英国科学家米切尔把微型话筒放在植物茎部，倾听它是否发出声音。经过长期测听，虽然没有得到更多的证据来说明植物确实存在语言，但他对植物“语言”的研究，仍然热情不减。1980年，美国科学家金斯勒和他的同事，在一个干旱的峡谷里装上遥感装置，用来监听植物生长时发出的电信号，结果他发现，当植物进行光合作用将养分转换成生长的原料时，就会发出一种信号。了解这种信号是很重要的，因为只要把这

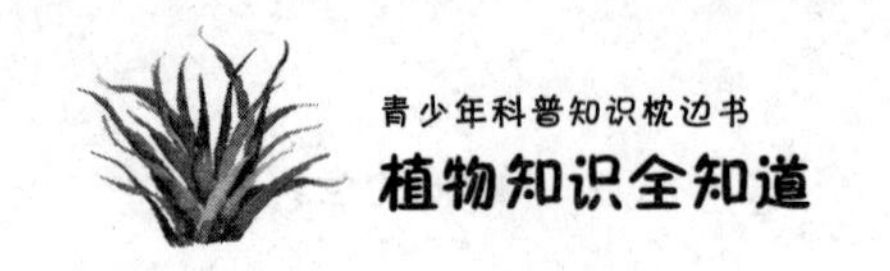

些信号译出来，人类就能对农作物生长的每个阶段了如指掌。

金斯勒的研究成果公布后，引起了许多科学家的兴趣。但他们同时又怀疑，这些植物的“电信号语言”是否能真实而又完整地表达出植物各个生长阶段的情况，它是植物的“语言”吗?

1983年，美国的两位科学家宣称，能代表植物“语言”的也许不是声音或电信号，而是某种特殊的化学物质。因为他们在研究受到灾害袭击的树木时发现，植物会在空中传播化学物质，对周围邻近的树木传递警告信息。

为了能更彻底地了解植物表达“感情”的奥秘，英国科学家罗德和日本科学家岩尾宪三特意设计出一台别具一格的“植物活性翻译机”。这种仪器非常奇妙，只要连接上放大器和合成器，就能够直接听到植物的声音。根据对大量录音记录的分析发现，植物似乎有丰富的感觉，而且在不同的环境条件下，会发出不同的声音。例如有些植物声音会随房间中光线明暗的变化而变化，当植物在黑暗中突然受到强光照射时，能发生类似惊讶的声音；当植物遇到变天刮风或缺水时，就会发出低沉、可怕和混乱的声音，仿佛表明它们正在忍受某种痛苦。在平时，有的植物发出的声音好像口笛在悲鸣，有些却似病人临终前发出的喘息声。还有一些原来声音很难听的植物，受到温暖适宜的阳光照射或被浇过水以后，声音会变得较为动听。

破译植物的语言是一项开拓性工作，因此引起了不少科学家的浓厚兴趣。经过多年的研究，虽然人们已经对植物的语言有了多种解释，但目前还有许多科学家不承认植物语言的存在，植物究竟有没有“语言”，看来只有等待今后的进一步研究才能给出答案。

知识链接 >>>

一些科学家们预言，植物语言的破译，对于植物病虫害的抑制、作物生长发育最适环境的调控、农业耕作的安排、植物各种药用成分的分离提取以及水果和蔬菜的储藏和运输等都有重要的实用价值。

植物叶片的功劳

在植物界，绝大多数花草树木都有叶子。人们常把形形色色、千姿百态的植物叶片，形象地比喻为“绿色工厂”，这一座座“工厂”就开设在地球广阔的平原、山野、田间和湖海之中，它们每天在绚丽的阳光下，不断地把空气中的二氧化碳和土壤中的水分吸进来，经过加工，制造有机物质，并同时释放出大量氧气，这个生产过程就叫作“光合作用”。

据科学家估计，每年地球上的这些“工厂”竟要耗用5500亿吨二氧化碳，2250亿吨水作为光合作用的原料，制造出4000多亿吨有机物质，释放出1000多亿吨氧气。全世界约50亿人口和无数的动物，都要依赖这些“绿色工厂”提供食物和氧气。

现在就让我们在显微镜下，仔细参观一下这座奇妙的“工厂”吧。在叶片的上下表面有一层排列紧密的表皮细胞，构成了这座“工厂”的“围墙”。有的叶子表面还长满了各种表皮毛，这对减少叶子体内水分的蒸发和抵御病虫侵犯是一种良好的防护设备。在表皮细胞间嵌有气孔，这是叶子与外界环境进行气体交换的门户。“绿色工厂”的主体，就是围在表皮以内的叶肉细胞，其中紧接上表皮的栅栏组织细胞呈长柱状，排列十分整齐；

海绵组织细胞排列疏松多隙，并靠近下表皮。每个叶肉细胞中含有大量叶绿体，不过栅栏组织细胞所含叶绿体的数量比海绵组织细胞多4倍。如果我们把每个叶肉细胞比作一个“光合车间”，那么，每个车间里的叶绿体就是制造有机产物最精密、最高效的“机器”了。在叶片这座“绿色工厂”中，原料与产品的运输任务是由其中的维管组织系统——叶脉来完成的。据统计，在每平方厘米的甜菜叶片上，叶脉的总长度就有70厘米。由此可见，每片叶子都有一个庞大的叶脉系统，它们由运输水分和无机盐的水质部导管及输送光合产物的韧皮部筛管构成，在整个植物体中，这些运输管道连成一体，四通八达。

在这座绿色的厂房里，你既听不到隆隆的机器声，也看不到繁忙劳动的工人。然而它却有条不紊地在进行着一系列的生产过程。首先，从气孔吸进大量二氧化碳，由根系从土壤中吸入水分，维管组织把这些原料源源不断地送到了“光合车间”，在叶绿体中进行深加工。“机器”工作时所需的能源和动力，就是来自取之不尽、用之不竭的太阳光。由叶绿体生产的产品，一是碳水化合物，通过专门运输管道——筛管送到根、茎、果实与种子中储藏起来，以供利用；二是氧气，经过气孔排放到大气中去。

植物叶片的寿命有长有短。有的有几年的寿命，有的才一年或是几个月，甚至更短。叶片的寿命长短除了与植物的本身特性有关外，与生长的环境也密切相关。但无论其寿命的长短，它都义无反顾地、默默地生产着养分。

知识链接>>>

植物的叶子大都是扁平的，这样，叶片与外界接触面积最大，接受阳光照射的面积也大，这对叶片充分捕捉太阳能量进行光合作用十分有利。但有些植物为了适应特殊的生活环境和生活方式，植株上的叶子发生了变态。例如松树叶子就像一根细长的针，这样可以减少水分蒸发，抵御干旱。

神奇的探矿植物

矿藏是地球赠予人类的宝贵财富，但一般的矿产都埋藏在地下，人们不容易发现。然而有许多植物能够成为地质勘探队员的好向导，帮助人们找到矿藏。这些植物，人们叫它们探矿植物。

在美洲有一个神秘的山谷，那里土壤肥沃、风和日丽，但到那里居住的人，都很难逃脱死亡的命运，因此当地的印第安人称它为“有去无回谷”。后来，欧洲移民来到那里，耕耘播种，种出了庄稼，获得了丰收。可是好景不长，一种莫名其妙的怪病使他们惊恐不安。患了这种病的人，眼睛慢慢失明，毛发逐渐脱落，最后体衰力竭而死。这个山谷又荒芜了。这是怎么回事呢？直到第二次世界大战结束后，地质人员到那里探矿，才揭开了其中之谜。原来，那里地层和土壤中含有大量的硒，同时又缺少硫，植物为了能正常生长，就拼命地从土壤中吸收性质与硫相近的硒，以补充硫的不足。硒有毒，植物中富集了大量的硒，人们吃了之后就会患这种怪病而死亡。地质学家弄清了“有去无回谷”的真相后，受到了很大的启发。

1934 年，当时的捷克斯洛伐克有两位科学家研究某地种植的玉米的化

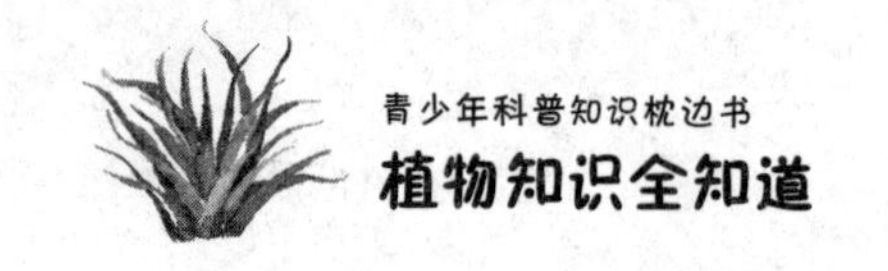

学成分时发现，把玉米烧成灰后，每吨灰中含有10克黄金，后来他们在长那种玉米的地方找到了金矿。

铀是核工业必不可少的原料。为了制造核武器、建造核电站，许多国家都绞尽脑汁购买或寻找这种放射性元素。在寻找铀矿的过程中，植物也能帮上忙。若是把树枝烧成灰烬进行分析，铀的含量超过正常标准，这就意味着在那种植物生长的地方有找到铀矿的希望。20世纪50年代，美国科学家据此在科罗拉多高原找到了铀矿。

在我国和朝鲜的边界地区，生长着一种铁桦树。它木质坚硬，甚至连铁钉都很难钉进去，这是由于它吸进了大量硅元素的缘故。因此，在铁桦树生长茂盛的地方，就有可能找到硅矿。经过多年的经验积累，地质学家们发现，不同的植物指示不同的矿藏。在大量生长七瓣莲的地方，可能找到锡矿；在密集生长长针茅或锦葵的地方，可能找到镍矿；在茂盛生长喇叭花的地方，可能找到铀矿；在开满铃形花的地方，可能找到磷灰矿；在忍冬丛生的地方，可能找到银矿；在问荆、凤眼兰生长旺盛的地方，地下往往藏有金矿；在羽扇豆旺盛生长的地方可能找到锰矿；在红三叶草旺盛生长的地方，可能找到稀有金属钽矿……

根据植物花的颜色变化人们也可以找到相应的矿藏。在我国的长江沿岸生长着一种叫海州香薷的多年生草本植物，茎方形，多分枝，花呈蓝色或蔚蓝色。科学家研究证明，它的花的颜色是铜给“染”上去的。海州香薷很喜欢吸收铜元素，当吸收到体内的铜离子形成铜的化合物时，便将花“染”成蓝色。所以这种草丛生的地方，就有可能找到铜矿。1952年我国地质工作者，从香薷大量生长的地方发现了大铜矿，因此香薷又有了“铜草”的美名。

赞比亚则有种“铜花”，凡“铜花”生长的地方，就可能有优质铜。据说，有家铜矿公司的地质学家，在赞比亚西北省的卡伦瓜看见“铜花”后，发现了一座富铜矿。与赞比亚同为世界产铜大国的智利，也曾根据植物进行追踪，并发现了有开采价值的铜矿。

现在已经知道，除了铜可以使植物的花朵呈现蓝色之外，锰可以使植

物的花朵呈现红色，铀可使紫云英的花朵变为浅红色，锌可以使三色堇的花朵蓝、黄、白三色变得更加鲜艳，而锰又可使植物的花朵失去色泽……

利用植物找矿，不单要寻找某些“孤独”的特有品种，还要特别注意那些改变了自己本来面貌的畸形草木，它们往往是人们找矿的好向导。有一种叫猪毛草的植物，当它生长在富含硼矿的土壤中时，枝叶会变得扭曲而膨大；青蒿生长在一般土壤中时，植株高大，而生长在富含硼的土壤中时，就会变成小矮老头，根据它们的这种畸形姿态，便可能找到硼矿。有的树木会患一种“巨枝症”，枝条长得比树干还长，而叶片却变得很小，这种畸形的树可指示人们找到石油。

探矿植物为什么会指示矿产呢？原来，植物生长之处的地下岩层富含某种矿物，而地下水能溶解一部分矿物，含矿物的水向上渗入土壤，再被植物吸收到体内。无论地下埋藏着什么物质，铍、钽、锂、铌、钍、钼等元素都会被水溶解一部分并带到地表上来，植物吸水后，每一段茎、每一片叶子便都累积着微量的元素。即使水深 20 ~ 30 米，植物组织仍会积蓄一部分这样的金属，所以它们依然灵敏地反映出金属物的存在。大部分金属元素在各种植物里有微量积蓄，植物需要它们，没有反而会“饥饿”生病。但是过犹不及，如果金属含量过高，对植物就会产生毒害作用。所以，在金属矿区，大部分植物都不见了，剩下来的只是那些经得起某种金属在自己体内大量积蓄的草木。于是，这些地区就只生长着这一类植物，它们便成为这种金属矿的天然标志了。

正是因为植物具有富集一些矿质元素的性质，所以人们可以有目的地筛选和培育出适当的植物，来帮助人类采矿。

知识链接 >>>

据统计，能够“探矿”的植物目前已经发现了 70 多种。它们能指示的矿物有硼、钴、铜、铁、锰、硒、铀、锌、银等。所有这些植物都是草本植物，其中有三分之一以上属于豆科、石竹科和唇形科，还有车前科、木贼科和堇菜科等科。

奇异的植物“陷阱”

越是漂亮的植物越是危险。有的植物开花艳丽，美不胜收，却是麻醉人的毒品，如罂粟；有的植物娇嫩可人，却是致命的死亡陷阱。

马兜铃会巧设陷阱。它的花儿像个小口瓶，瓶口长满细毛。雌蕊和雄蕊都长在瓶底，只不过雌蕊要比雄蕊早熟几天。雌蕊成熟的时候，瓶底会分泌出一种又香又甜的花蜜，把小虫子吸引过来。小虫子饱餐一顿后想要返回时，却早已身不由己，陷进“牢笼”了。因为瓶口细毛的尖端是向下的，进去容易出来难。小家伙心慌意乱，东闯西撞，四处碰壁，不知不觉中就把雌蕊的花粉就粘到身上。几个小时后，雌蕊萎谢了，小虫子依然是“花之囚”。直到两三天后，雄蕊成熟了，它才能重见天日。那时，马兜铃会自动打开瓶口，瓶口的细毛也枯萎脱落了，这个贪吃的“使者”终于逃出“牢笼”。不过，刚恢复自由的小虫子又会飞向另一朵马兜铃花，心甘情愿地继续充当“媒人”。

除了马兜铃，还有一些会设陷阱的植物。有一种萝摩类的花，虫儿飞来时细脚会陷入花的缝隙中。虫儿拼命挣扎，结果脚上沾满了花粉。小家伙从缝中拔出脚来，便一溜烟似的跑了。拖鞋兰的花儿也是别具一格：兜状的花中，没有明显的入口处，也看不到雄蕊和雌蕊，只是中间有一道垂直的裂缝。蜜蜂从这儿钻进去，就来到了一个半透明的小天地里，脚下到处是花蜜。蜜蜂尝了几口，刚准备离去，谁知后面已封闭起来，没有退路了。只有上面开着一个小孔，蜜蜂只好沿着雌蕊柱头下的小道勉强穿过，这时身上的花粉被刮去了。它再钻过布满花粉的过道，身上又沾满了花粉，这是拖鞋兰花请蜜蜂带到另一朵花中去的。

另外一些植物虽然不设陷阱，但也会欺骗动物前来为自己传授花粉。其中，兰花属植物是当之无愧的“骗术大师”。杓兰是欺骗昆虫的高手，在杓兰的花里面其实并没有花蜜，昆虫只是被它的芳香招引而进入了“陷阱”。蜜蜂一旦进入雄花，就会掉进花的底部，结果里面什么也没有，它只好拼命地往外爬，这时蜜蜂浑身沾满了雄花的花粉，而后它再飞进另一个雌花“陷阱”，就能向雌花授粉。留唇兰的骗术更加高明。它的花朵的形态和颜色，活像一只蜜蜂。一片留唇兰在风中摇曳，简直就像一群好斗的蜜蜂在飞舞示威。蜜蜂有很强的“领土观念”，它们发现假蜂在那儿摇头晃脑，便群起而攻之。结果，正中留唇兰的下怀，蜜蜂的攻击对花朵毫无损伤，却帮助它传授了花粉。

向日葵又称为“朝阳花”，原产于北美洲，它艳丽的外表也隐含着骗术。向日葵的顶端有一个金黄色的圆盘，看起来像一朵美丽的大花，但事实上这朵“大花”是由1000朵小花组成，金黄色圆盘的边缘是一些中性的黄色舌状小花，并不结果实，而中间棕黄色的两性筒状小花，才能结果实，边缘的舌状小黄花只起引诱昆虫的作用。被向日葵的鲜艳色彩吸引而来的蜜蜂等昆虫其实是在两性筒状花上采蜜的，它们在上面爬来爬去，这样就为向日葵传播了花粉。

知识链接>>>

植物世界有着庞大的种群，绝大部分植物都能从阳光中获取赖以生存的“食物”，但也有部分植物发现，窃取“他人”劳动果实或许是一种更容易的生存方式，在这种情况下，它们就会巧妙地伪装，设下“陷阱”。当然，这是一个漫长的进化过程，是植物适应环境求得生存的一种自然反应。

植物激素的发现

动物的体内有多种激素，对调节动物的生长发育有着十分重要的作用。那么植物体内有没有激素呢？回答是肯定的。科学家们把植物体内合成的对植物生长发育有显著作用的几类微量有机物质，称为植物激素，包括生长素、赤霉素、细胞分裂素、脱落酸、乙烯和油菜素甾醇等。

最早对植物激素进行研究的是进化论的奠基者达尔文。1880 年，达尔文在进行胚芽鞘的向光性实验时发现，金丝草的胚芽鞘在单方向照光的情况下向光弯曲生长。如果在胚芽鞘的尖端套上锡箔小帽或将顶尖去掉，胚芽鞘就没有向光性。达尔文认为：可能胚芽鞘尖端会产生某种物质，胚芽鞘的尖端是接受光刺激的部位，胚芽鞘在单侧光的照射下，某种物质从上部传递到下部，导致胚芽鞘向光面与背光面生长速度不均衡，使胚芽鞘向光弯曲。大约半个世纪后，一位荷兰科学家找到了达尔文所描述的这种物质——吲哚乙酸，这就是植物激素中最早被发现的成员——生长素。

现在我们知道，屋子里的花草，会自动转向有光的地方，向日葵紧紧跟随着太阳，这些都是生长激素的作用。树的树冠，上尖下粗，这也是生长素的作用。顶端芽的生长素能抑制侧枝的生长，越靠下，顶端芽的抑制作用越小，所以树冠就成了上小下大的状态。知道了这一点，农民把棉株的尖端剪掉，侧枝增多，就有可能收获更多的棉花。绿化篱的顶芽被剪掉，它就侧向发展，变得很厚，绿化效果就更好了。生长素还能促进果实的生长。人们向没有授粉的苹果、桃、西瓜等注入生长素，就可以吃上无籽的果实了。

1926 年，日本科学家在水稻恶苗病的研究中，发现感病稻苗的徒长和黄化现象与赤霉菌有关。1935 年，科学家们从赤霉菌的分泌物中分离出了有生理活性的物质，定名为赤霉素。这种植物激素最显著的效应是促进禾本科植物叶的生长。在蔬菜生产上，常用赤霉素来提高茎叶用蔬菜的产量。另外，赤霉素还可促进果实发育，打破块茎和种子的休眠，促进其发芽。

1955 年，美国科学家在烟草髓部组织培养中偶然发现，在培养基中加入从变质鲱鱼精子提取的 DNA，可促进烟草愈伤组织强烈生长。后证明，其中含有一种能诱导细胞分裂的成分，这就是细胞分裂素。第一个天然细胞分裂素是 1964 年从未成熟的玉米种子中分离出来的玉米素，以后科学家们从植物中发现了十多种细胞分裂素。这种植物激素的主要生理作用是促进细胞分裂和防止叶子衰老。另外，它还具有促进芽的分化等作用。

脱落酸是 20 世纪 60 年代初科学家们分别从脱落的棉花幼果和桦树叶中分离出来的。这种植物激素能够抑制茎和侧芽生长，是一种生长抑制剂。在冬天里，脱落酸使植物叶子落光，进入休眠状态。

早在 20 世纪初，人们就发现用煤气灯照明时有一种气体能促进绿色柠檬变黄而成熟，这种气体就是乙烯。但直至 60 年代初期，人们用先进的仪器从未成熟的果实中检测出极微量的乙烯后，它才被列为植物激素。现在我们知道，大量的水果如果被装在一个容器里，就很容易变熟，甚至变坏，这就是乙烯在“作怪”。

目前公认的第六大类植物激素是油菜素甾醇。这种植物激素具有促进细胞伸长和细胞分裂、促进花粉管伸长而保持雄性育性、加速组织衰老、促进根的横向发育、顶端优势的维持、促进种子萌发等生理作用。

虽然植物激素都是些简单的小分子有机化合物，但它们的生理效应却非常复杂多样，从影响细胞的分裂、伸长、分化到影响植物发芽、生根、开花、结实、性别的决定、休眠和脱落等，所以说，植物激素对植物的生长发育有重要的调节控制作用。

知识链接 >>>

植物激素在植物体内含量极小，除科学研究外，生产上难以应用。因此，科学家们很早就开始人工合成植物激素，用来控制植物的生长。这些人工合成的化学物质叫作植物生长调节剂。目前植物生长调节剂已经有 100 多种，已在农、林、牧、园艺、花卉、育种、栽培管理、提高植物抗性等领域中广泛应用。

落叶的秘密

俗话说“秋风扫落叶”“一叶落知天下秋”。深秋季节，忽然吹来一阵秋风，一片片黄叶随风飞舞，纷纷扑入大地的怀抱。那么，树木为什么会落叶呢?

早在20世纪40年代，科学家们认为叶子的衰老是由性生殖耗尽植物营养引起的。不少实验都指出，把植物的花和果实去掉，就可以延迟或阻止叶子的衰老，并认为这是由于减少了营养物质的竞争。随着研究工作的逐步深入，人们发现，在叶片衰老过程中，蛋白质含量显著下降，遗传物质含量也下降，叶片的光合作用能力也降低。在电子显微镜下可以看到，叶片衰老时，叶绿体遭到破坏。这些变化过程就是衰老的基础，叶片衰老的最终结果就是落叶。20世纪60年代初，科学家们分别从脱落的棉花幼果和桦树叶中分离出来了一种植物激素——脱落酸。

那么脱落酸是如何控制树木落叶的呢？我们知道，绿叶的主要用途是吸收太阳光进行光合作用，制造养料以及蒸腾水分。蒸腾水分可以使树木在炽热的阳光下不至于被灼伤。通常是气温越高，树木水分蒸腾得越多。

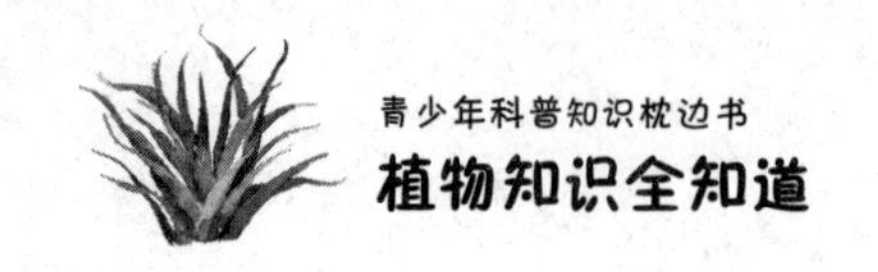

一到秋冬季节，雨水稀少，空气干燥，土壤中的含水量也随之减少，满足不了树木生长的需要。再加上日照时数一天天缩短，它提示树木冬季就要来临，此时树叶中就会产生脱落酸。

当叶片中的脱落酸输送到叶柄的基部时，在叶柄基部会形成一层非常小而细胞壁又很薄的薄壁细胞，科学家称这种薄壁细胞为离层。离层的形成会使水分不能再正常输送到叶子里。在脱落酸的作用下，离层周围会形成一个自然的断裂面。叶子由于得不到正常的水分补充，会逐渐干枯，自然断裂面越来越明显，经秋风一吹，便会落叶纷飞，甚至无风亦会自动飘零。秋天树木落叶能降低水分蒸腾和减少养料的消耗，让树木能安全度过寒冷干燥的冬季。

叶片里脱落酸的产生主要跟日照长短有关。秋分后，日照时间逐日变短，树木在接收到日照变短的信息后，叶片就开始积累脱落酸，当达到一定浓度时，叶片便会自动脱落。由于各种树木对日照长短变化的敏感度和水分的需求不同，所以落叶的时间也不尽相同，即使同一种树木，若所处的环境不同，其落叶时间也会不一样。因而人们常发现在瑟瑟秋风中，大多数树木的叶子已落尽，唯有靠近路灯的树上依然有树叶迎风傲立，这是因为路灯的照射弥补了自然日照缩短而造成的结果。所以，园艺上常用人工延长光照时间的方法来延缓花木早衰与落叶。而松树、柏树等常绿树木，因其叶片上有蜡质层保护，叶面又比较窄小，所以常青不落，经冬不凋。

由于植物本身和外界因素的影响，组织细胞结构破坏，功能丧失，营养物质转移而导致植物某一器官乃至整个植株死亡和脱落的一系列恶化过程称为衰老。衰老是植物生活的一种适应机理，脱落是植物器官脱离母体掉落下来的现象，衰老是脱落的原因，脱落是衰老的结果。

知识链接 >>>

到目前为止，植物落叶的机理还没有被完全弄清楚，但是可以肯定，落叶，尤其是温带地区的树木的落叶，是植物减少蒸腾、保全生命、准备安全过冬的一种本领。在植物激素中，生长素、赤霉素和细胞分裂素能抑制衰老与脱落，而乙烯和脱落酸则能促进衰老与脱落。

植物性别的发现

人人都知道动物有雌有雄，可是对于植物也有雌雄这一点，不少人也许不大注意或不大了解。在高等植物中，性别的分化情况要比动物复杂得多，以至于对植物性别的最后确认，在科学史上曾经历了一场持续1000多年的大论战。

对于植物的性别，人类在农业生产实践中早就有认识，据记载，远在3000多年前，阿拉伯人和亚述人就认识到海枣有雌雄之分。在每年的某一时期举行一个特殊的仪式，由一个男人爬到一棵雄株上，取下一个雄花序，递给一位僧侣，该僧侣用它接触雌花序，认为这样可以确保海枣的丰收。到了公元前4世纪，亚里士多德认为植物没有动物那样的性别，他认为新植物是母体多余的养料产生的。此后，植物性别问题似乎被遗忘了。到了16世纪，许多科学家还完全否认了植物有性别，甚至有些人认为花朵的雄蕊是排泄器官，而花粉只是废物。直到1682年，才有人第一次明白地指出雄蕊是花中的雄性器官。十多年后，一位植物园主任观察到：在附近没有雄株的一棵雌性桑树所产生的果实只含有不成熟的种子。受这个启发，这位植物园主任把一些

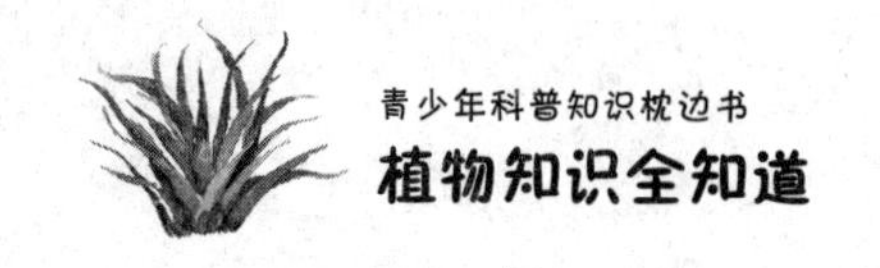

雌性的桑树种植在大大的盒子里，使它们完全隔离，不受雄性的任何影响。他发现虽然这些植物生长得很好，但其果实里却没有一个能够生育的种子。后来他又发现把玉米的柱头从幼穗上去掉以后，也同样不能形成种子。于是这位植物园主任得出结论：在植物界，种子的产生是植物维持种族的普遍特性，除非有花药参加，否则不可能事先在子房内准备好幼小的植物，花药具有雄性生殖器官的作用，而子房和花柱则是雌性生殖器官。此后，一连串有关发现终于向人们表明了植物后代的产生也和动物一样，都是精卵结合之后形成的。

随着科学的发展，人类对植物性别的认识有了越来越深入的了解。原来，植物的性器官就是它们的花朵，雄性器官叫作雄蕊，由花药和花丝两个部分组成；雌性器官叫雌蕊，由柱头、花柱和子房三个部分组成。就拿大家熟悉的玉米来说，顶上开的是雄花，它就是由花药和花丝组成的，花药中包含着千千万万的花粉；从玉米苞的苞叶尖上抽出来的“胡子”，则是雌花，它由柱头、花柱和子房组成，子房就是结果育种的地方。这种在一株植物上雌花、雄花分开的植物，叫作雌雄异花同株植物。而千年桐、银杏、油瓜等，虽然也是雌雄异花，但它们的雄花和雌花不生长在同一株树上。这样的植物，则称之为雌雄异株植物。属于雌雄异株的植物，如果周围没有雄树，雌树就不会结果。比如，我们要吃上香喷喷的开心果，果园里不能只栽雌树，必须间隔一段距离栽些雄树才行。水稻、小麦又不同，它们的雌、雄性器官长在同一朵花里，植物学上把这种花叫两性花，这种植物则是雌雄同花植物。更有趣的像番木瓜，它既有单性花，又有两性花，为一种“混性植物”，特别是在一些雌雄同株异花的植物上，花的性别还可随着开花的部位、植株的年龄的变化而变。如蓖麻，下部开的是雄花，中部开的是两性花，上部开的几乎全是雌花。如此看来，植物的性别比起动物来似乎要复杂得多，雌雄划分也不像动物那样明显。

在农业生产上，大多数农作物都是采收果实或者种子的。这些作物的产量由它们开花结果的数量来决定。所以，研究植物开花以及性别对农业生产有很大的意义。现在，利用植物性别来提高农林作物的产量和质量，

已成为现代技术的重要组成部分之一。例如，大麻以收获纤维为栽培目的，雄株比雌株生长速度快，纤维质量好，当然栽培雄株比较经济；如果以收获种子为栽培银杏的目的，就要选择雌株；如作为城市绿化的行道树，则选雄株为好。对于那些开花时会散出很多讨厌的絮状物的雄性杨树，在选行道树时，肯定要在幼苗期就被淘汰了。

知识链接>>>

植物与动物一样，性别也是由存在于染色体上的基因决定的，通过对植物种子或幼苗进行染色体检查，就能准确地鉴别出树木的性别。花的性别虽然主要取决于遗传因素，但也受环境条件的影响。在生产实践中，如果适当调节光照、昼夜温差和水分，就可以人为地控制花的性别。

会变性的印度天南星

生物世界中，变性现象并不罕见，学过生物学的人都知道，鳝鱼在幼小时是雄性的，长大后便变为雌性了；此外，还有欧洲鲈鱼等也是变性动物。那么，有没有会变性的植物呢？回答是肯定的。印度天南星就是变性植物。

印度天南星是一种生长在温带和亚热带地区的林下或小溪旁的多年生草本植物。它雌雄异株，且有雄株、雌株和无性别的中性株三种类型。有趣的是，这三种植株可以年复一年地互相转换性别，直到死亡为止。早在20世纪20年代，植物学家就发现了印度天南星的这种性变现象。可是长期以来，人们猜不透其中的奥妙。最近，美国一些植物学家研究发现，中等大小的印度天南星通常只有一片叶子，开雄花。大一点的有两片叶子，开雌花。而在更小的时候，它没有花，是中性的，以后既能转变为雄性，也能转变成雌性。经过进一步的观察，他们又发现，印度天南星的变性同植株体型的大小密切相关，植株高度值以398毫米为界，超过这高度的植株，多数为雌株；小于这个高度值的植株，多数为雄株。另外，他们还发现，植株的高度值在100～700毫米间，都可能发生变性，而380毫米却是雌株变为雄株的最佳

高度。

印度天南星能随环境条件的改变而改变性别的特性对其生殖有重要意义。植物在开花，尤其是在结实时需要以消耗大量营养物质为代价，体型高大的植株才能制造更多的养分供结实需要，所以大型植株多为雌株，这样，小型植株多为雄株。前一年为雌株的大型植株，由于结实消耗了大量的营养，第二年便又变为雄株。当环境恶劣时，雌株没有足够的养分开花结果，如果它们转变为雄株，便可以使相距较远、生长在环境较好地方的雌株有较多机会获得花粉。至于中性植株的存在，也是由体内营养物质决定的，而且同样与环境条件有关，当它既不能变为雌株，又不“甘心”变为雄株时，就只好暂为中性了。有趣的是，印度天南星不仅依靠性变来繁殖后代，还利用性变来应付不良环境。当动物吃掉印度天南星的叶子，或大树长期遮挡住它们的光线时，印度天南星也会变成雄性。直到这种不良环境消失后，它们才会变成雌性，繁殖后代。

从印度天南星的例子可以看出，高等植物的性别并不像动物那样，在胚胎时期就已决定，而要在其生长、分化和发育成熟后的某个阶段才能确定，因此高等植物的性别分化具有不稳定性。外界环境条件，如营养、温度、湿度、日长、光强、植物激素等因素都对其有不同程度的影响。掌握了植物的这种特性，对那些较易改变性别的植物进行研究，通过适当改变外界环境条件，就可以有效地控制一些植物的性别，使之向人们意愿的方向转化。目前，这方面的研究还在不断深入。不久的将来，如果人类能够控制植物的性别，成为大自然的主人，农业生产将会更上一层楼。

知识链接 >>>

植物王国的变性现象比较少见，在树木中更为稀罕，但一种名叫巴西棕榈的高大乔木也存在变性现象，在它的一生中要几次改变性别。巴西棕榈的性变与其体内获得的光能有关，一棵棕榈树获得能量较多的时候为雌性，可以开花结果；反之，则为雄性。另外，北美洲的一种最普通的树木——红枫树也存在变性现象。

种子植物的五大名科

种子植物是植物界最高等的类群，可分为裸子植物和被子植物。裸子植物的种子裸露着，其外层没有果皮包被，而被子植物种子的外层有果皮包被。种子植物共有300多个科，其中，菊科、兰科、豆科、禾本科和蔷薇科这5个科所包含的种类最多，大约占种子植物总数的1/4，因此它们被称为种子植物的五大名科。

种子植物五大名科的冠军是菊科，共13族1300余属，近22万种。菊科植物中，向日葵族最大，有221属；最小的一族是万寿菊族，仅有11属。菊科几乎都是草本植物，包括大量的药用、观赏和经济植物。药用的菊科植物包括佩兰、艾纳香、火绒草、天名精、野菊、菊花、青蒿、款冬、千里光、白术、苍术、牛蒡、雪莲花、红花、蒲公英等；菊科中的经济作物包括向日葵、洋姜、茼蒿、冰片草等；菊科中有许多著名的观赏植物，如菊花、木茼蒿、金盏花、雏菊、翠菊、万寿菊、孔雀草、百日菊等；常见的菊科杂草有刺儿菜、泥胡菜、飞机草等。

兰科是被子植物中仅次于菊科的第二大科，共700属20000多种。在兰科植物中，兰属、万带兰属、石斛属、蝶兰属、兜兰属等为重要花卉；天麻、白芨、石斛等是著名药材。此外，香果兰属中有少数种类可提取香精，有较高的经济价值。

豆科有约690属，17600余种，为种子植物的第三大科。豆科植物广布于全世界，其用途之大，不亚于禾本科。食用类的豆科植物包括大豆、蚕豆、豌豆、绿豆、赤豆、豇豆、菜豆、藊豆、木豆、落花生等；饲料类的有紫云英、苜蓿、翘摇等；材用类包括合欢、黄檀、皂角、格木、红豆、槐等；染料类有马棘、槐花、木蓝、苏木等；树胶和树脂类有阿拉伯胶、木黄芪胶、柯伯胶等；纤维类豆科植物有印度麻、葛藤等；油料类有大豆、落花生等。

五大名科的第四名是禾本科植物，约有620多属，近10000种。禾本科是种子植物中最有经济价值的一科，也是人类粮食和牲畜饲料的主要来源。除了荞麦以外，几乎所有的粮食都是禾本科植物，因此，禾本科有粮食仓库的称号。另外，禾本科也包括各种俗称为“某某草”的植物，但是，不是所有的草都是禾本科植物。同样，也不是所有禾本科植物都是低矮的“草”，如竹子、甘蔗等也属于禾本科。

排在五大名科最末一位的是蔷薇科，共有100多属，3000余种。该科中的许多种如苹果、沙果、海棠、梨、桃、李、杏、梅、樱桃、枇杷、榅桲、山楂、草莓和树莓等是著名的水果；地榆、龙芽草、翻白草、郁李仁、金瑛子和木瓜等可以入药；玫瑰、野蔷薇、香水月季等的花瓣可以提取芳香油，供制高级香水及饮料。

乔木种类的蔷薇科木材多坚硬细致，有多种用途，如梨木为优质雕刻板材，桃木、樱桃木、枇杷木和石楠木等宜制作农具柄材。该科许多植物或具美丽可爱的枝叶和花朵，或具鲜艳多彩的果实，可作观赏。如各种绣线菊、绣线梅、珍珠梅、蔷薇、月季、海棠、梅花、樱花、碧桃、花楸、棣棠和白鹃梅等，在世界各地的庭园绿化中占有重要的位置。

知识链接

种子是种子植物特有的繁殖器官。一般植物的种子由种皮、胚和胚乳三部分组成，种皮起保护种子的作用，胚乳是种子集中养料的地方，胚是种子最主要的部分，它是植物体的雏形。

琥珀的形成

说到琥珀，大家可能不觉得陌生，它是一种具备不平常艺术魅力的化石，不仅在学术研究上具有重大的研究价值，而且还可以作为一种装饰品。琥珀里往往包含着奇异的昆虫，这些昆虫栩栩如生，或展翅飞翔，或沉静歇息，有的连最细微的翅膀和绒毛都丝毫未损。那么，琥珀是如何形成的呢？那些昆虫又是如何进入到琥珀中去的呢？

琥珀其实就是一种裸子植物——松柏纲植物的“结晶”。远古时，可分泌树脂的松柏纲植物的枝条被折断的时候，树胶就从伤口中流出来，并散发出阵阵清香，引来了嗅觉灵敏的昆虫。当昆虫与树胶一接触，就被牢牢地粘住了。而树胶仍源源不断地流出来，把昆虫包裹得严严实实，昆虫与外界完全隔绝，因此也就幸免于细菌的分解作用，完整地保存下来。随着年代的推移，地壳的运动，原始森林被埋在地下，树木变成了煤炭，而一团团树胶就变成了透明的化石。所以，琥珀实际上是由古代植物的分泌物形成的，是一种遗物化石，而琥珀中的昆虫则是一种身体未变的遗体化石。看起来这类化石没有

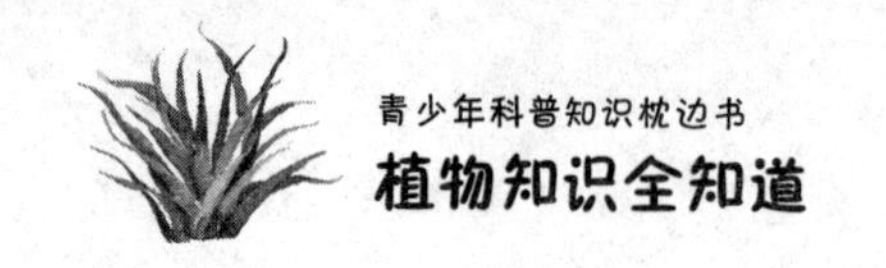

岩石类的石质感，但它也经历了形成化石的一切过程，我们称之为特殊的化石——有机化石。正因为如此，它也就和现代的天然树脂有本质的不同。

世界上最大的琥珀分布地点在波罗的海南部沿岸。一万多年前，冰河时代的严寒还没有在波罗的海地区消失殆尽，地面植被主要是低矮的灌木林，大量的野生动物如驯鹿、狼、旅鼠、野兔等生活在这一地区。狩猎与渔业是这一时期居民的主要生产活动。他们在捕捞水生贝壳动物的时候，常常捡到各种形状的琥珀。晶莹剔透、光洁美丽的琥珀引起了他们强烈的兴趣。长期的接触使他们发现小小的琥珀有着许多奇妙的特征。比如，握在手中给人一种温暖感；对着太阳照，它又是透明的，在兽皮上摩擦后，它能够吸附灰尘和木屑；它易雕刻更易点燃，燃烧后散发出的树脂清香能让人产生某种幻觉。就当时人类生产力和智力发展水平而言，他们还无法科学地解释琥珀具有的种种奇怪现象。在他们看来，琥珀有着特殊的力量。因此，除了用琥珀做装饰品外，他们还把它用于宗教仪礼活动中。

作为人类最古老的饰物之一，在中国、希腊和埃及的许多古墓中，都曾出土过用琥珀制成的饰品。我国古人称琥珀为“遗玉”，古希腊人认为大块琥珀是太阳神女儿们的眼泪凝成的，古代欧洲人和中东人则称之为“北方之金”。琥珀自古就是皇亲贵族趋之若鹜的宝物。汉高祖刘邦时，宫中两根柱子顶端分别镶有琥珀和水晶，以代表太阳和月亮。古罗马人赋予琥珀极高的价值，一个琥珀刻成的小雕像比一名健壮的奴隶价值都高。

琥珀内部的包裹体除了有苍蝇、蚊子、蚂蚁、蜜蜂等动物之外，还有一些植物如伞形松、种子、果实、树叶等。这些丰富的包裹体不仅构成了美丽的图案，也为科学家研究当时的环境提供了极其珍贵的依据。科学家们已成功地从琥珀所含的化石中提取出一些生物的遗传密码 DNA，这对生物演化的研究将产生巨大的影响。

知识链接>>>

裸子植物是种子植物中较低级的一类，因为它们的胚珠外面没有子房壁包被，不形成果皮，种子是裸露的，所以称为裸子植物。现代裸子植物约有800种，隶属5纲，即苏铁纲、银杏纲、松柏纲、红豆杉纲和买麻藤纲。我国的裸子植物种类，约占全世界的一半，资源丰富，居世界之首。

水杉的发现

1948 年 3 月 25 日，美国《旧金山纪事报》上登载了一条头号新闻:“科学上的惊人发现——1 亿年前称雄世界而后消失了 2000 万年的东方红杉，在中国内地一个偏僻的小村仍然活着!”这里所说的“东方红杉”就是我国珍贵的孑遗树种之一——水杉。

水杉是一种落叶大乔木，高可达 35 米，其树干通直挺拔，枝干向侧面斜伸出去，全树犹如一座宝塔，是著名的观赏树木，被人们称为“树中修女”。过去人们以为，这种古老树种经过第四纪冰川的洗劫早已从地球上消失，所以我国发现了树龄约 400 余年的水杉树后，被公认为是中国乃至世界 20 世纪植物界的重大发现之一。

水杉的发现要从另外一种珍贵的树种——红杉说起。1769 年，人们在美国加利福尼亚州发现了一种孑遗植物——红杉，这种树巨大无比，最高可达 142 米，最粗要十几个人才能把它围抱起来，因而成为闻名世界的珍奇树种。1941 年，日本植物生态学家三木茂在研究从日本发掘出的红杉化石时，发现这种化石与真正的红杉有明显的区别。除了两者在球果的形态

上有许多不同点外，最主要的区别在叶子，红杉的叶子是互生的，而这种化石上的叶子却是对生的。于是，他认为这种被一般古植物学家认为是红杉的化石，是一种新的植物，应该列为一个新属，于是他便在当年发表论文，把它定名为“变形红杉”。就在三木茂发现和定名水杉化石的同一年，中国人发现了活水杉。

1941 年冬，湖北农业专科学校教员干铎在四川万县磨刀溪路旁发现了三棵从未见到过的奇异树木，其中最大的一棵高达 33 米，胸径 2 米。由于当时树叶已经落尽，他便托万县高级农业职业学校教务主任杨隆兴代采。

1943 年 7 月，农林部中央林业实验所技工王战前往湖北西部神农架考察森林，经杨隆兴介绍和建议，在经过磨刀溪时采到水杉的枝叶、果实标本。王战认为该标本是水松，并做了相关记载。1945 年夏，王战将一小枝水杉和两个果实交给中央大学森林系树木学教授郑万钧鉴定。郑万钧认为它既不是水松，也不是北美的红杉，在现存的杉松类中应该是一个新属。鉴于当时南京的有关资料不多，1946 年秋，郑万钧将一份标本寄给了远在北京的我国著名植物学家胡先骕，请他查阅文献。后来经胡先骕认定，证实这种树木就是亿万年前在地球大陆生存过的水杉。1948 年 5 月，胡先骕和郑万钧联名发表了《水杉新科及生存之水杉新种》一文，为水杉确定了学名并明确了水杉在植物进化系统中的重要位置。从此，植物分类学中就单独添进了一个水杉属、水杉种。

水杉的发现是中国现代植物学界最值得自豪的一件大事，也是中国植物学走向世界的重要标志之一。水杉正式命名后，受到我国和世界的重视。1948 年 5 月，在南京中央博物院正式成立中国水杉保存委员会，同年 7 月，筹设川鄂水杉保护区。中华人民共和国成立之后，水杉的保护和发展进入了一个新的发展时代。如今，中国水杉的子孙已遍及世界上 50 多个国家和地区，架起了中国与世界各国人民之间的桥梁。

水杉是著名的观赏植物，另外，它的适应力很强，生长极为迅

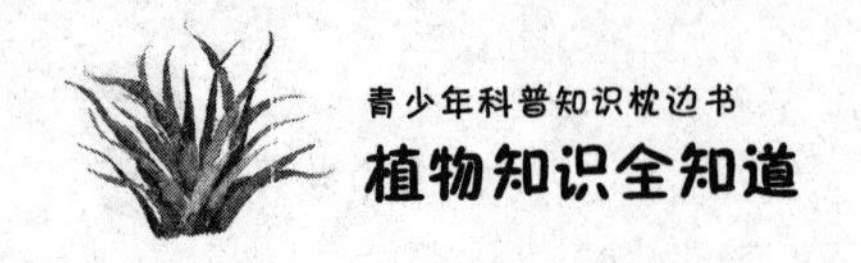

速，在幼龄阶段，每年可长高1米以上，所以是荒山造林的良好树种。我国从辽宁到广东的广大范围内都有它的踪迹。此外，水杉的材质细密轻软，是造船、建筑、桥梁、农具和家具的良材，同时还是质地优良的造纸原料。

“植物熊猫”银杉

在动物王国中，大熊猫之珍贵自不待言，而在植物王国里有一种高大常绿树种，不但足以与大熊猫相媲美，而且毫不逊色，它就是生于我国南方的大名鼎鼎的裸子植物——银杉。它是世界公认的珍稀植物之一，享有“植物熊猫”之美称。

银杉是松科家族的一颗明珠。早在1000万年前，银杉在地球上生长十分茂盛，分布也很广，欧亚、北美都有大量的分布。只是到了二三百万年前，在第四纪冰川降临时，由于南欧山脉大多是东西走向，袭来的冰川，整个地覆盖了欧美各地。这样生长在欧美各地的银杉，由于不适应严寒的气候都遭到了毁灭，只有极少数形成化石而留存后世。所以，在德国和俄罗斯的西伯利亚偶然发现了银杉的化石，已被国外的科学家们视为珍宝。殊不知，在中国，由于特殊的地理环境和间断性的高山冰川，使得一些低纬度、群山高耸、地形复杂的局部地方成了一些珍稀植物的避难所，让许多珍稀植物，在冰川袭来时，仍可以在没有冰块的地方生存。也正是这种原因，我国得以保存的古代珍稀裸子植物的种类很多，银杉便是这些幸存者之中的一员。

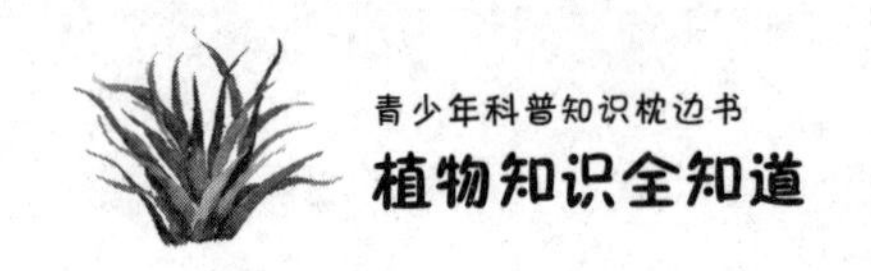

1955年，植物学家钟济新带领了一支调查队来到广西桂林附近的龙胜花坪林区进行考察时，发现了一株外形很像油杉的树木。其主干高耸、挺拔秀丽，树冠如伞盖；叶似杉树叶，但不像杉叶那样呈羽状排列，而是四散状；叶片扁条形，略弯，上面亮绿色，中脉凹下，下面有两条银色气孔带。中国科学院的陈焕镛教授和匡可任教授经过鉴定，确认这是地球上早已绝灭的、现在只保存着化石的一种松科新属植物。由于银杉的叶子非常特别，每当微风吹过，便银光闪烁，十分诱人，所以就给它取中文名字为银杉。中国发现活着的银杉这一消息传出后，立刻引起世界各国植物学界的轰动，认为这是20世纪50年代植物界的一件大喜事。

银杉树身笔直、雄健，枝干平展，挺拔秀丽，是世界上观赏价值极高的风景树种之一。但同许多濒危物种一样，银杉的繁殖非常困难，从传粉到受精历时13个月；饱满种子少，寿命只有30天；饱满种子的发芽率只有51%，幼苗还不一定能长成大树……而且它还有“四喜四怕”：喜凉、喜雾、喜肥、喜净，怕高温日灼、怕渍水腐根、怕大雨溅泥、怕空气干燥。千百年来，银杉已经住惯了深山老林，但为了让世界各地的人们一睹其风姿，我国科学工作者经过许多年的努力，已经利用种子繁殖，成功地实现了银杉的人工栽培。从此，银杉获得了更大的生存机会，也可以让世界上更多的人目睹这一稀世之宝的风采。

知识链接 >>>

目前世界上只有我国有活的银杉，分散在四川金佛山、广西花坪和大瑶山、湖南界福山和八面山、贵州的道真和桐梓山等地。近年来，在三峡库区又发现了大量的裸子植物群落，其中也生存着大量的银杉。据统计，到目前为止，我国共有生长着的银杉2000多株。

用树木造纸

读书、看报、写字都离不开造纸业，造纸术是中国古代四大发明之一。如今，造纸业已经成为世界十大重要工业之一。任何物件的发明，都有其产生的特定背景，都是无数发明的交融递变的产物，纸的发明以及用树木造纸也不例外。

我国古代最早的文字是刻在龟甲和兽骨上的，称为“甲骨文”。后来，人们又把字用刀刻，或用漆、墨等写在竹片或木片上。这种竹片、木片有一二尺长，每片可以刻上十来个字，多的可以刻三四十个字。古时，竹片叫“简”，木片称“牍”。早先，汉字之所以由上到下竖写，而不像其他民族的文字多数由左到右横写，也是由简牍的书写特点决定的。古时人们写信用不了多少竹片，如要写一本书，就不然了。必须用绳子将竹片连起来才能阅读。现在我们称书的量词“册”，就是将一片一片的简、牍穿起来的象形字。我们可以想象得出，这种用竹、木片写成的书必定是笨重而不便携带的。战国时，思想家惠施外出讲学，带的书简就装了五车，“学富五车”的典故即出于此。显然，这种笨重的书写材料，严重地影响了文化的发展。

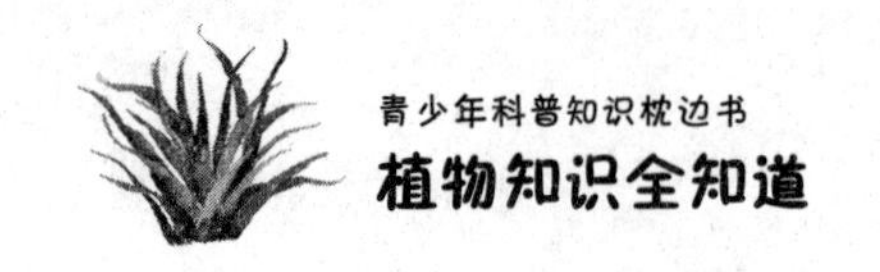

大约在春秋时期，人们开始用丝织成的帛来写字。用墨水写字在帛上，要比简牍方便得多，而且帛又轻又软，还可以卷起来。现在有时称一部书为一卷书，即来源于此。可惜的是，帛虽然很好用，但价格昂贵。在汉代，一匹帛相当于720斤米，一般人是用不起的。因此，直到汉代，帛和简牍还被人们同时应用着。

东汉时期，汉和帝的尚方令名叫蔡伦，他是一名太监，主要负责监管制造御用器物，价格昂贵的帛也在蔡伦的考虑之中。担任这些职务，自然要考虑节省开支。能不能找到一种可以替代帛的书写材料呢？不仅要与帛同样的轻便易写，而且价格还要很便宜。

蔡伦经常在休息时到城外活动散步。他不由想起了郊游时看到过的漂絮的情景。所谓漂絮，就是人们利用不适于抽丝织造的次等茧来做丝棉时，先将次茧用水煮过，再铺在篾席上浸到河水里去，用棍子捣打成丝棉。从事这项手工劳作的妇女，人们称之为“漂母”。蔡伦发现漂母在漂絮的过程中，有一些残留的丝絮粘在篾席片上，等到晒干后，把残絮剥剔下来就成了一层薄薄的絮片。有些买不起帛的穷人就利用这种絮片写字；不过在这上面写出的字非常模糊。

由于丝织品价格贵，一般老百姓穿不起，那时还没有棉花，平民百姓能穿的，只是麻织品。人们将麻的皮剥下来，仍用在水中漂洗捣打的方法，制成适合于织造的麻纱。在这过程中，也会在篾席上留下麻絮。蔡伦发现，也有人利用麻絮片来写字。“嗯，这倒是个办法，也许可以试试。”于是，蔡伦当起了“漂母”。他将那些留在篾席上的丝絮和麻絮收集起来，放在水中继续漂洗捣打，将它们弄得很烂，再用席子把它们捞起来滤掉水分，晒干后就成了一些薄薄的、细密的絮片。用它来写字，效果竟同帛差不多。纸就样诞生了。后来，造纸术逐渐由我国传入了朝鲜、日本、印度和阿拉伯，又经非洲北部传到了欧洲。

在蔡伦发明造纸术之后的很长时间里，造纸原料一直是亚麻和棉碎布。随着时代的发展，人们对纸张的需求迅速增长，亚麻和棉碎布已经供不应求了，去哪儿找制造纸张的新原料呢？

1713年，有个名叫罗蒙尔的法国生物学家，偶然在院子里看到了一只马蜂在屋檐下衔木筑巢。马蜂先飞到树上，在树枝上咬下一点木屑，然后飞回吐出来涂在巢座上，便成了倒莲蓬状的马蜂窝。蜂窝分有许多细格子，每个格子呈六角形，格子的壁又匀薄又结实，风吹也不怕，有点像纸。罗蒙尔一边观察，一边记录。他想：小小的木屑，黏结起来不也能成为一张纸吗？几年后，罗蒙尔根据自己的研究，向法国科学院递交了一篇论文。论文中说，马蜂能够从一般树木中提取些小木屑，而后造出了像我们使用的纸状物来，这似乎在诱发我们：可以不用破布或亚麻造纸，而改用木头去试一试。

1738年，德国人希费尔博士沿着罗蒙尔的思路继续对马蜂窝进行更为详尽的研究。他把马蜂窝分解，割下一块块的巢壁，用清水泡、热水煮，最后得到了一丝丝长短不一的木材料纤维。为了证实自己的观点无误，他又找来了各种各样的植物，包括常用的造纸原料在内，如棉花、亚麻、核桃木等，进行了大量的试验。虽然他费了好大的劲分离出了一些纤维，可是由于加工设备不行，终究也没有弄出结果来。

1844年，德国一位名叫凯勒的机械设计师一直在尝试从木材中把纤维分离出来。有一次，他随手捡起了一块表面凸凹不平的石头，来回摩擦木块，居然得到了一丝丝的纤维，顿时使他兴奋极了！于是，凯勒连夜绘出了一种能够绕着轴心不停地转动的石器，几经修改，进而发展成一种被称为磨石与活动连杆联合的机器。接着，他请人加工制作，不久，一架最早的磨木机由此诞生。当看到这种机器把一段一段的木头连续地磨碎变成纸浆的时候，凯勒开心极了。由磨木机生产出来的纸浆叫作磨木浆。

由于磨木机的速度快，生产量大，木头的价钱比亚麻低得多。所以造纸厂的老板很高兴，乐意生产磨木浆。他们说：磨木浆的成本便宜，制成的纸吸油墨又快，拿来印报纸是很适用的。于是，许多报社纷纷订货，这样，人们约定俗成地把以磨木浆为主要成分生产的纸，称为新闻纸。

经过不断发展，现在用树木造纸的过程已经比较简单：砍下树木，切成小木片，放入巨大的蒸煮锅内与化学物质混合，在高温和高压下，纤维

就会分离，形成木浆；木浆经去除松香、树脂之类的杂质后，加入化学染色剂或漂白剂，从大缸的狭缝流入一个不断移动的筛网上，筛网将水排出，留下绝大部分的纤维；随后经滚压除去更多的水分，再通过一组蒸汽加热的滚筒烘干，纸张就成形了。

知识链接 >>>

树木富含纤维素，这是一种韧性极高的材料，是所有植物的细胞外壳——细胞壁的重要成分，抗微生物腐蚀能力还很强。树木长得越高大，就需要越多纤维素支持树干，而这些纤维素正是造纸的最佳原材料。

年轮的奥秘

自然界中的树木都是比较长寿的，有百年以上的大树，也有上千年的古树。那么，人们是如何知道它们的年龄的？数年轮就是很好的方法之一。从砍伐后留下的树桩上，你能清晰地看到一圈套着一圈的许多同心圆，这些就是树木的年轮。

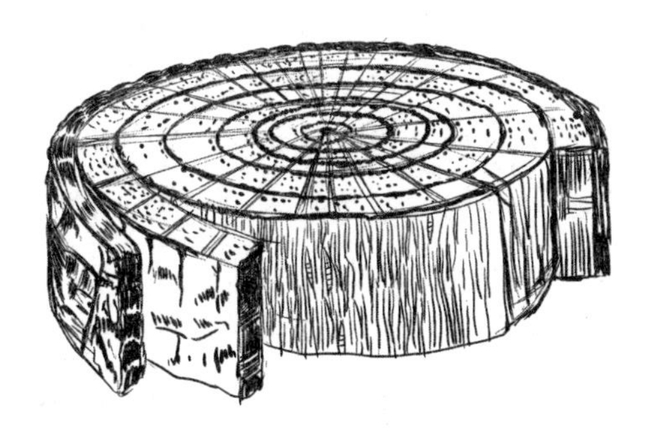

年轮是怎样形成的呢？当树木茎干的形成层细胞分裂时，树的直径就增加了。树内形成的新细胞形成木质部分。在春季及夏初生长期形成的细胞，通常比夏末秋初大得多。所以木质颜色浅而宽厚，被称为早材。而夏末秋初生的细胞较小或根本不生长。所以这从木质部看上去颜色深而窄，被称为晚材。当早材与晚材逐渐过渡而形成一轮，而晚材与次年早材之间则形成界线分明的轮纹，这就是年轮。年轮一年一轮，查查有多少圈年轮、就可以知道这棵树有多少岁了。

古人很早就知道树干里面有年轮，但对年轮进行研究并取得了重大成果的是美国科学家道格拉斯。20 世纪初，道格拉斯在一个伐木场考察新伐树木的年轮类型时意外地发现，该地区与附近地区的树木年轮类型几乎一模一样。例如，它们在近树心处都有两道薄薄的年轮，而外围的 3 道年轮却很厚。道格拉斯马上把这种现象与气候联想在一起，并推测，在当地

有2年坏天气和3年好天气。因为植物在恶劣气候中的生长速度必定减慢，形成的年轮就薄，而在好气候时正好相反。

道格拉斯后来还发现，树木处轮宽窄的变化具有11年的周期。他从美国、英国、挪威、瑞典、法国和奥地利等国广泛搜集粗大的树木进行分析，都得出了同样的结论。那么，是什么原因造成树木处轮有规律的变化呢？研究了好久，他终于茅塞顿开，太阳黑子数不是有11年变化周期吗？他把树木年轮变化和太阳黑子数变化一对比，两种变化居然相同！原来是太阳辐射的变化影响了树木的生长。根据自己的研究成果，道格拉斯后来创立了一个新的科学学科——树木年代学。在道格拉斯之后，许多科学家又对年轮形成的生理过程与气候的关系作了深入剖析，对样本树种的选择和年轮序列的统计分析等有了新的认识，逐步建立了另一门新学科——年轮气候学。

如今，年轮已成为科学家研究的一个重要领域。人们用一种专门的钻具可以从树皮直钻到树心，取出一个有全部年轮的薄片。用这种方法，不需再砍倒树木就可计算出树木的年轮。通过对年轮变化规律的研究，科学家们不但能发现年轮记录的诸如地震、火山爆发、大气污染等环境变迁的资料，而且还可以用这份很有价值的自然历史记录卡来分析当地的气候变化规律，推测未来气候的变化，为制定超长期气候的预报和规划造林方面提供指导和参考。近年来，科学家们还发现年轮还能为冰川学、水文学、地球物理学等方面的研究提供可靠的科学资料！年轮，真可说是一部记载历史的无字“天书”。

知识链接 >>>

一个年轮代表着树木一年中生长的情况。但是，也有一些木本植物如柑橘每一年能够有节奏地生长三次，形成三轮，这被称为“假年轮”。在热带地区的树木，由于气候季节性的变化不明显，年轮往往也不明显。所以，由年轮计算出来的树木年龄，有些只能是一个近似的数字。

“胎生”的红树

我们知道，动物大多是胎生的，所谓胎生就是胎儿在母体中发育完全后，生下来的幼小个体就能独立生活。在自然界中，植物也有“胎生”现象，红树就是其中之一。

一般植物的种子成熟以后，马上脱离母树，经过一段时间的休眠，在适宜的温度、水分和空气的条件下，在土壤里萌发成幼小的植株。但是红树的种子成熟以后，既不脱离母树，也不经过休眠，而是直接在果实里发芽，吸取母树里的养料，长成一棵胎苗，然后才脱离母树独立生活。为什么红树“胎生”呢？原来这和它特殊的生活环境有密切关系。

红树是一种小乔木，高 2 ～ 12 米，生长在热带、亚热带沿海一带的海滩上。在这些地方，红树和别的树木一起，组成了红树林。红树林里有常绿的乔木和灌木，树林非常稠密。海滩上每天都涨潮和退潮，涨潮时，树木的树干全被海水淹没，树冠在水面上荡漾；退潮后，棵棵树木又挺立在海滩上，形成了海滩上的奇特景观。

红树所处的环境极其不稳定，潮水的涨落对它的威胁极大，如果没有非凡的本领，就休想在海滩上定居。就拿种子萌发来说，如果红树种子成

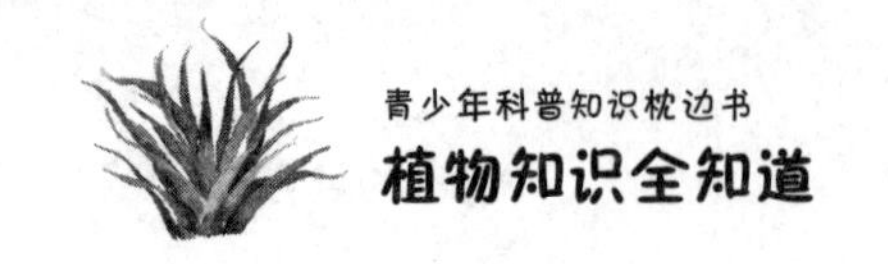

熟后，马上脱落，就会被无情的海浪冲走，得不到繁衍后代的机会。靠着胎生，红树就能世世代代在海滩上繁衍生息。

红树每年开两次花，春季一次，秋季一次。一棵红树花谢以后，能结出 300 多颗果实。它的果实细而长，长度一般在 20 厘米以上，每个果实中含有一粒种子。当果实成熟时，里面的种子就开始萌发，从母树体内吸取养料，长成胎苗。胎苗长到 30 厘米时，就脱离母树，利用重力作用扎入海滩的淤泥之中。几小时以后，就能长出新根。年轻的幼苗有了立足之地，一棵棵挺立在淤泥上面，嫩绿的茎和叶也随之抽出，成为独立生活的小红树。如果胎苗下坠时，正逢涨潮，便会马上被海水冲走，随波逐流，漂向别处。但胎苗不会被淹死，因为它的体内含有空气，可以长期在海上漂浮，不会丧失生命力，有的甚至能在海上漂浮两三个月，一旦漂到海滩，海水退去时，就会很快地扎下根来，成为开发“新领土”的勇士。经过几十年，又会繁衍成一片红树林。

红树在适应海滩生活方面，除了具有“胎生”本领之外，还能长出许多支柱根和呼吸根。它的一条条支柱根，从树枝上生出，直插海滩的淤泥中，全力支撑着浓密的树冠，与树干一起形成抵御风浪的稳固支架。它们聚成丛林，可以护堤、防风、防浪，保护沿海农田不受海浪或大风的袭击；而它们那些纵横交错的支柱根，挡住了陆上冲来的泥土，加速了海滩淤泥的沉积，使海岸不断向大海延伸，所以红树林也被人们誉为“造陆先锋”。

红树浑身全是宝，其木质坚硬细密，可做家具，也是建筑与桥梁用材；红树的叶和花是鱼虾的天然饲料，树皮可提炼成鞣皮革的单宁，还可以制药，果实可以酿酒，其经济价值是很高的，有进一步开发利用的价值。

知识链接 >>>

在种子植物中，不只红树有“胎生”本领，生长在东南亚沼泽地带的天南星科植物纤毛隐棒花，生长于墨西哥、中美洲和印度群岛的佛手瓜，红树科的红海榄，紫金牛科的桐花树，红树科的秋茄树，草本植物胎生鳞茎早熟禾等，都是“胎生”植物。

能独木成林的榕树

俗话说，独木不成林，然而，大千世界，无奇不有，世界上很多地方都有一棵树长成的独木林，这种树是榕树。

在公元前3世纪，欧洲植物学之父、古希腊伟大的自然科学家乔奥拉斯特曾经做过这样的描写：在印度生长的榕树，直径通常是10～12米。这种树竟能从自己的枝丫，不是从嫩枝上，而是从去年的，甚至更老的枝丫上长出根来。这些根一直延伸到地里去，在树干的周围好像构筑了一道栅栏，里面通常住着人，这种树的树顶绿叶茂密；整株树圆滚滚的，非常巨大，绕着树干走一圈有时候要走60步，一般是40步。

孟加拉国的杰索尔地区，还有一棵更大的榕树，那是一片闻名世界的榕树独木林。这棵孟加拉的巨榕已有900多岁，600多根树干亭亭玉立，树高40多米，树冠巨大，投影面积达42亩之多。据说，过去曾有一支六七千人的队伍，在酷热的夏天，行军到这棵树下，汗流浃背，疲惫不堪，借着榕树凉爽的树荫，避过了正午难以忍受的暑热。

榕树为什么能独木成林呢？原来，榕树属桑科植物，生活在高温多雨的热带、亚热带地区，枝叶繁茂，终年常绿。它的树干长了许许多多的不定根，也叫气生根，有的悬挂半空，有的已插入土中。榕树的气生根有粗有细，粗的如水桶，细的如手指。新长出的气生根较细，插入土中的越长越粗，形成了一根很粗很粗的树干，共同支撑着巨大的树冠。一棵大榕树的气生根，少则百条，多则千条。这些能支撑树冠的气生根，人们也叫它支持根。一棵榕树由小树长成大树，随着气生根的增多，从土壤吸收的养料也越来越多，树冠也长得越来越大。

榕树除了有庞大的树冠、离奇的气根之外，在它身上还附生或寄生着许多其他植物，有苔藓、石斛、兰草、藤蔓……它们的枝条从大榕树的顶端像头发一样披散下来，又钻入土中。有的寄生植物缠绕盘结在大榕树的主干上，一簇簇的热带兰花生在大榕树的枝杈里，飘落下阵阵幽香，真仿佛是一座“空中花园”！花园自然引来无数的小鸟，于是榕树又成了鸟类的天堂。

奇妙的榕树带来了奇迹般的古迹。云南德宏傣族景颇族自治州的首府芒市，有一处榕树抱佛塔的奇观。相传五六百年前，一位僧人在这里修建了一座小佛塔。不知过了多少年，塔顶长出一棵小榕树，小树渐渐长大，它的根须顺着塔缝向下延伸，扎入土中，渐渐发育成高大的树干，把塔紧紧地箍在中间，其中有些根须还扎在泥块结构的佛塔躯体里，在佛塔的腹心中发展起来。在风蚀雨剥和大榕树的袭击下，佛塔最后开裂倾斜了，而大榕树却枝繁叶茂，将高达 8 米的佛塔全身包裹，人们称之为树抱塔。

在广东省佛山市顺德区容桂街道还有一座“树生桥”的奇观。据传说，在 200 多年前，当地人考虑以木搭桥未必耐久，便在河边种了一株小叶榕树，并用大毛竹牵引它的气根，延伸到河的对岸，共有三根，后来，这三根气根渐渐长得粗壮，人们便在上面搭铺木板，成为一座异趣迥然的风景桥。奇怪的是，后来，这株大榕树自身又伸出一条四米多长的气根跨向对岸，高出桥面约 70 厘米，成了一道天然而又别具一格的桥栏杆。四方游客慕名远道而来，莫不为这巧工惊叹！

知识链接 >>>

植物为了适应特殊的生存方式或特殊环境，它们的根、茎、叶的形状、结构和用途常常会发生很大变化，这种变化属于变态。榕树的气生根就是发生变态的根。植物的变态根种类很多，包括常春藤的攀缘根，胡萝卜、甘薯和甜菜等的贮藏根，一些生长在淤泥或沼泽地区的植物的呼吸根等。

“长寿之星”龙血树

俗话说：“人生七十古来稀。”人活到百岁就算长寿了。但是人的寿命，和一些长寿的树木比起来，简直微不足道。在植物王国，年龄超过100岁的树木有很多：苹果树可以活100～200年，梨树能活300年左右，枣树可活400年，榆树可以活500年，樟树则可以活800年以上，松树可以活1000年。有人说，雪松能活2000年，银杏能活3000年，红桧能活4000年，它们应该算是长寿植物了，但与“长寿之星”龙血树相比，就是小巫见大巫了。

龙血树原产非洲西部的加那利群岛。这些岛屿是古代火山爆发以后形成的，遍布群岛的肥沃的火山灰土和温暖的气候造就了岛上葱茏的植被。1799年，德国著名的博物学家洪堡德与法国植物学家邦普兰一起，赴中南美洲考察，历时5年。稍后，洪堡德一个人来到位于北回归线附近的加那利群岛，马上被岛上丰富多彩的植物世界征服。在浩瀚如海的树林中，他发现了一棵树皮略显灰白、在高高的顶端分枝的老树，其主干高达15米，树干围粗达5米，在长长的枝条端部簇生着剑形的叶片。只是由于树干的中心已被蛀空，因此在离地

3～4米处被大风吹断而斜倚在地上，断处的直径也有一米多粗。洪堡德将树干外围的年轮仔细地数了一遍，发现光是外围的年轮就有2000多圈。如果加上蛀空的部分，估计年轮有8000多圈，就是说它已经生长了8000多年。后来几经鉴定，这棵树就是百合科的高大乔木——龙血树，并且确认龙血树为世界上最长寿的树。

龙血树茎干上的树皮如果被割破，就会分泌出深红色的像血浆一样的黏液，这种液体是一种树脂，暗红色，俗称血竭。加那利群岛上的当地人传说，龙血树里流出的血竭是龙血，龙血树是巨龙与大象交战时，血洒大地而生出来的。在古代，人们用龙血树的树脂做保藏尸体的原料，因为这种树脂是一种很好的防腐剂。另外，它还是古人们做油漆的原料。后来人们发现血竭能当药物，有止血、活血和补血三大功效，是治疗内外伤出血的重要药品。

龙血树之所以长寿除了和它的生长速度有关之外，也与它能够分泌血竭有关。首先，长寿的植物往往生长缓慢，龙血树在一年之内树干加粗还不到一厘米，一棵树干直径一米的龙血树年龄早过百年。所以龙血树长寿和它的生长速度非常缓慢有密切关系。其次，也和木质部能分泌防腐树脂有关系。各种树木到了老龄时，树皮往往开始破损，病虫也随之侵入，里面的木质部就开始腐烂，出现树洞。如果木质部进一步腐朽，整个植株就会死亡。事实上很多树木都是死于根茎木质部的毁坏。龙血树的红色树脂具有防腐作用，很好地保护了根茎，使生活了几千年的老树根茎仍然强健。另外，在岛屿上环境气候变化不大，龙血树在这种环境中生长，寿命自然长久。

龙血树为百合科龙血树属植物，同属的植物约有150种，其中除有高大的乔木外，还有直立单茎和矮生多茎的种类。不少种类的叶片上具有色彩斑斓的条纹和斑块，所以龙血树还是观赏价值很高的观赏植物。

知识链接 >>>

我国科学家于1972年在西双版纳的石灰岩地带，发现了大片野生的龙血树。这种龙血树的叶片形似剑状而坚挺，故称剑叶龙血树。它虽然与加那利群岛上的龙血树不同，但分泌的血竭成分却完全一致。现在，它与传统的云南白药齐名，被称为“云南红药”。

珙桐的发现

有这样一些植物，它们曾在几亿年前的地球上生长过。开始人们只是在化石中发现过它们的踪迹，但忽然有一天，在地球的某一个角落里，人们又发现了它们的身影。它们悄悄地、不惹人注意地在这个角落里自由地生长着，并不在乎现今植物“户籍”中没有自己的“户口”，这种植物被称为“孑遗植物”，珙桐就是这样一种珍稀植物。

珙桐是一种落叶乔木，高可达20米。它是1000万年前新生代第三纪古热带植物区系的孑遗种。当地球上第四纪冰川期过后，很多树种都绝灭了，而我国南方一些地区，由于地形复杂，在局部区域保留下一些古老的植物，珙桐就是那时候幸存下来的成员之一。

1896年，曾在我国发现了大熊猫、金丝猴等珍稀动物的法国神父戴维在四川省穆坪看到了珙桐。当时正值开花季节，珙桐树上一对对的白色花朵躲在碧玉般的绿叶中，随风摇曳，十分有趣。远远望去，仿佛是一群白鸽躲在枝头，摆动着可爱的翅膀，作出振翅欲飞之态。这位神父顿时被眼前的奇景迷住了，回国后向人大肆宣扬自己的所见。从此以后，许多欧洲

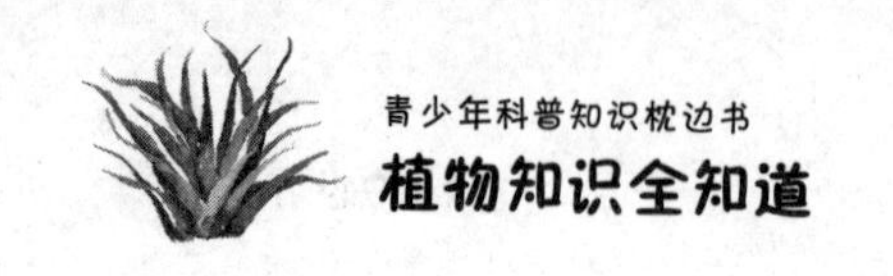

植物学家，为了一睹奇树的真容，纷纷远渡重洋来到中国，他们不畏艰险，深入到四川、湖北等地进行考察。1903 年，珙桐首先被引种到英国，以后又传到其他国家，渐渐成为欧洲的重要观赏树木，并被欧洲人誉为“中国鸽子树”。

珙桐现已成为世界著名的观赏植物，是世界各地重要的园林树种，观赏花木中的上品。珙桐虽然曾经是我国特有的珍稀树种，但在我国重新发现它却比较迟。20 世纪 50 年代，周恩来总理到日内瓦参加一个国际会议，在他下榻宾馆的院子里看到了珙桐树。总理感到新奇，询问此树何名，宾馆主人回答说：“这是从贵国引进的树种，名叫鸽子树。”周总理回国后，向有关人员打听，并希望植物专家能寻找到鸽子树。不久，昆明的一个植物研究所报告说，他们在云南发现了这种树。从此珙桐才开始进入我国的庭院。

关于珙桐，民间还流传着一个动人的传说。相传在 2000 年前的汉代，王昭君出塞，与呼韩邪单于结为夫妇。她日夜怀念故乡，每日清晨总要向南祈祷。天长日久，随王昭君同去的白鸽也跟着一起向南点头。有一年新春佳节，昭君怀念故乡，于是便写了一封书信托白鸽送回去。于是，一群白鸽结伴传书，一路上穿云雾，搏风雨，翻越了 99 座山，飞过了 99 条河，经历了 99 个日日夜夜，终于飞到王昭君的故乡秭归，这群白鸽栖息在鸽笼般的桐树上，化为振翅欲飞的洁白鸽子花。此后，每年春天，鸽子花开，表示它们代表昭君在向故里的乡亲们问好。至今，珙桐仍然有着和平的象征意义。2008 年 12 月 23 日，17 棵珙桐树苗与大熊猫“团团”“圆圆”一起，搭乘专机飞往宝岛台湾，成为了两岸人民相互扶持的见证。

珙桐现在是我国八种一级重点保护植物中的珍品，属于珍稀名贵观赏植物。另外，珙桐的经济价值也很高。它的果实含油量为 47% ~ 67%，种子和果皮都能榨油，是优质的食用和工业用油。它的果肉可提炼香精，木材又是细木雕刻、名贵家具的优质原料。

知识链接 >>>

我国自然野生的珙桐都生长在深山密林之中，如湖北的神农架、贵州的梵净山、四川的峨眉山、湖南的张家界和天平山以及云南的东北部地区。它们大多生长在海拔 1200 ～ 2500 米的山地，最大的可高达 30 米，树龄超过百年以上。

形形色色的“光棍树”

在西双版纳热带植物园里，偶尔会遇到一种怪怪的树：整个树身不见一片叶子，满树尽是光溜溜的碧绿的枝条，若折断一小根枝条或刮破一点树皮，就会有白色的乳汁渗出。根据它的奇特形态，人们给它起了个十分形象的名字，叫“光棍树”。

光棍树属大戟科灌木，高可达9米，因它的枝条碧绿，光滑，有光泽，所以人们又称它为绿玉树或绿珊瑚。为什么光棍树不长叶子呢？它靠什么来制造养分，维持生存呢？要想揭开这个谜，我们还是先来看看它故乡的环境吧。光棍树原产东非和南非。由于那里的气候炎热、干旱缺雨，蒸发量大。在这样严酷的自然条件下，为适应环境，原来有叶子的光棍树，经过长期的进化，叶子越来越小，逐渐消失，最终变成今天这副怪模样。光棍树没有了叶子，就可以减少体内水分的蒸发，避免了被旱死的危险。光棍树虽然没有绿叶，但它的枝条里含有大量的叶绿素，能代替叶子进行光合作用，制造出供植物生长的养分，这样光棍树就能生存了。但是，如果把光棍树种植在温暖潮湿的地方，它不仅会很容易繁殖生长，还可能会长出一些小叶片呢！生长出的这些小叶片，可以增加水分的蒸发量，从而达到保持体内水分平衡的目的。

非洲沙漠中还有一种叫阿康梭锡可斯的丛生灌木。这种葫芦科植物同人差不多高，全身也不长一叶，但它身上却布满了成对的尖刺，原来这就是它退化了的叶子。这种植物根系十分发达，向下可深达 15 米，能钻入沙漠深处吸收地下水。根深，叶子缩成针状，就是它对付干旱的两大绝招。

最有趣的是原产欧洲的假叶树，人们看到的“叶片”全是假的，而真正的叶片已退化成鳞片状。当鳞片状真叶子长出不久，便从叶腋间长出扁平状的短枝，它不仅形状像叶子，而且还是绿色的，能代替叶片进行光合作用。到了开花季节，在叶状枝的中央开出淡绿色的花，不久便结出惹人喜爱的小果，果实成熟后呈红色，形成“叶上果”的奇观。

分布于我国内蒙古、甘肃、青海、新疆等地的梭梭也是一种叶子已经退化的“光棍树”。梭梭一般高 1 ～ 5 米，它的根系十分发达，一般主根深达 2 米多，最深者可达 4 ～ 5 米以下的地下水层。梭梭耐风沙，受到沙埋以后，仍然生长旺盛。所以梭梭是重要的固沙植物，对治理沙漠具有重要作用。

在我国的广东、福建沿海还可见到另一种不长叶子的植物——木麻黄。它原产澳大利亚和太平洋的岛屿上，我国引进后主要用作滨海防护林带，控制海浪的侵袭。

木麻黄是一种高可达 20 米的常绿乔木，在它轻柔的枝条上长有许多灰绿色的针状物，远看上去，倒是有点像松树的松针，为此它又叫“驳节松”。但只要仔细观察，就会发现它同松树完全不同，木麻黄那灰绿色的针状物其实是它的枝条，可它的功能却与松针一样，里面都含有叶绿素，可以进行光合作用。不过细看的话，它的枝条上有许多节，节上轮生着细小的鳞片状物，那就是它退化了的叶子。由于枝条也能进行光合作用，为抵抗强风和干旱的需要，这些叶子自然地就将自己缩小，以至于我们几乎看不出来了。

有人误以为光棍树也是仙人掌科植物，其实不然，它属于大戟科植物。大戟科植物多数有乳汁，花很小，可与仙人掌科植物相区别。此外，大戟科植物多有毒性。像蓖麻、乌桕、木薯、油桐等都是大戟科植物。

橡胶的历史

橡胶、钢铁、煤炭、石油并称为四大工业原料。橡胶是用橡胶树上分泌的乳汁经人加工制成的。虽然世界上能分泌出胶汁的还包括橡胶草、银色橡胶菊以及中药用的杜仲树等植物，但产胶量最高、胶质最好的还是橡胶树。

橡胶树又名巴西橡胶树，三叶橡胶树，它是一种高 20 ～ 40 米的高大乔木。从橡胶树干上割取的乳液即为干胶，是目前天然橡胶的主要来源。

橡胶树的故乡在南美洲，当地印第安人称之为“卡乌巧乌”，意思是“树的眼泪”，因为橡胶是从橡胶树皮里流出的白色树汁。印第安人很早就将树汁晒干，得到弹性很强又能防水的橡胶，聪明的印第安人把它做成黑色的圆球、雨鞋等物件。

1493 年航海家哥伦布第二次航行到美洲的海地岛时，看到印第安人在唱歌时，按歌的节拍玩耍一种球，这种球落到地面会弹得很高。哥伦布大为惊奇，他向印第安人打听后才知道，它是用“树的眼泪”——橡胶做的。于是，哥伦布把这种橡胶球带回欧洲，它曾经成为西班牙王宫里的新鲜玩意。然而，橡胶虽然来到欧洲，当时人们却不

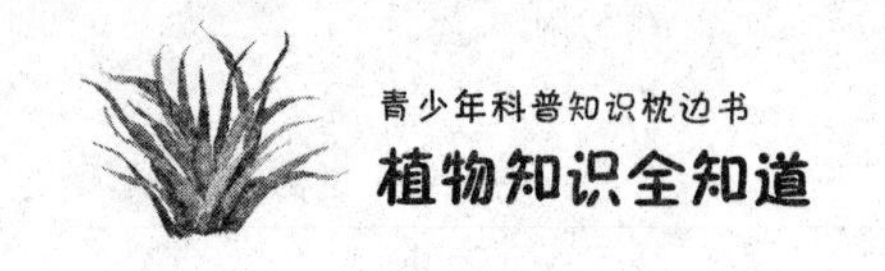

知道它有什么用处，所以，它进了博物馆，竟在博物馆沉睡了300年之久，而无人问津。

到了1823年，人们再也不愿意橡胶在博物馆再沉睡下去了。一个名叫马幸托斯的苏格兰人，首先投身于解放橡胶的事业。马幸托斯把橡胶压成薄片，再用两层布夹着它再缝合起来做成雨衣。虽然，这种雨衣可以防雨，但用不了多久，就会带给人麻烦。因为，它在夏天，会变得像糨糊般黏稠，冬天又会变得像玻璃般硬脆，因此，不受人们欢迎。马幸托斯创办的雨衣厂，不久就倒闭了。

真正把橡胶从博物馆里解放出来的是美国工人古德伊尔。古德伊尔出身于穷苦工人家庭，小学没有毕业就去做工。他是一个道地的“化学迷”，一有空当，就把自己的破房当实验室，把炉子、锅子、勺子等简陋物件当作仪器，埋头做起化学实验。1830年，古德伊尔下决心要把橡胶从博物馆里解放出来去为大众服务。他把各种化学试剂放进橡胶浆中溶化，力图改进橡胶性能，成为工业上的用品。几年过去了，橡胶还是不听他使唤。他累得病倒了，朋友劝他放弃实验，去干别的，但古德伊尔毫不气馁地仍坚持做实验。1838年夏天的一个深夜，古德伊尔已做了一天实验，十分疲劳，偶然失手，将一包硫粉掉进熬热的橡胶锅中，于是，他焦急地把锅中的橡胶刮了下来，此刻他惊奇地发现橡胶变得更干燥而更富弹性了。机智的古德伊尔此刻已意识到自己的重大发明了。接着，古德伊尔一次又一次观察硫磺放到橡胶中的实验，找出了最佳的配方，最终成功地创立了橡胶硫化法。这种方法改良了橡胶的弹性和耐用性，从此，橡胶的需要量大幅度增加，野生橡胶林已无法满足工业生产的需要。

1875年，英国政府指派一个名叫威凯姆的商人从巴西弄回7万棵橡胶树苗，种植到英国皇家植物园，结果只有3%成活，而且长势也不好，究其原因，是橡胶树不适宜在英国寒冷的天气下生活，于是，威凯姆把其中的22棵移到马来西亚种植，结果获得成功。如今，橡胶树已遍布全球40多个国家和地区。种植面积较大的国家包括印度尼西亚、泰国、马来西亚、中国、印度、越南、尼日利亚、巴西、斯里兰卡、利比里亚等。我国植胶

区主要分布于海南、广东、广西、福建、云南，此外台湾也可种植，其中海南为主要植胶区。

橡胶树是一种技术性要求很强的热带作物，不但栽培管理要有技术规程，割胶也有严格的制度。割胶制度规定了割胶最适宜的季节，割胶天数，割胶时间，割胶树皮的高度、宽度和深度，以及每天的割胶株数等。从橡胶树取橡胶汁的方法是用刀把树皮割开，划成一个“V”字形，这时，橡胶树内便会渗出许多白色的乳汁，称为胶乳，胶乳经凝聚、洗涤、成型、干燥即得天然橡胶。

值得一提的是，橡胶树是有毒植物，其种子和树叶有毒，小孩误食2～6粒种子即可引起中毒，症状为恶心、呕吐、腹痛、头晕、四肢无力，严重时出现抽搐、昏迷和休克。

知识链接 >>>

橡胶分为天然橡胶和合成橡胶。20世纪初化学家测定出了天然橡胶是异戊二烯的高聚物，这就为人工合成橡胶开辟了途径。1910年，俄国化学家合成出了丁钠橡胶，以后又陆续出现了许多新的合成橡胶品种，现在，合成橡胶的产量已大大超过天然橡胶，其中产量最大的是丁苯橡胶。

“生命之树”金鸡纳树

三国时期，蜀国军师诸葛亮率军南下到达云南泸水时，士兵感染上了“瘴气”，一批一批地死去，连足智多谋的诸葛亮都一筹莫展。据今人研究，“瘴气”就是曾经猖獗一时的疟疾。千百年来，人类为了征服疟疾进行了艰苦的斗争，但收效甚微。直到金鸡纳霜（也称“奎宁”）的发现，疟疾才不那么可怕了。

金鸡纳霜是一种治疗疟疾的特效药，它的主要成分来自金鸡纳树的树皮。金鸡纳树是茜草科常绿小乔木，树高 2.5 ～ 3 米，树皮呈黄绿色或褐色。它的原产地在秘鲁的安第斯山脉。生活在那里的印第安人很早就知道了它的药用价值，并开始种植。但他们从不外传用金鸡纳树制药的秘方。

说起西方对金鸡纳树的发现，还有一段故事。1638 年，西班牙殖民者占据秘鲁，一位西班牙伯爵钦琼先生带着夫人安娜一起来到了秘鲁利马。当时，利马地区疟疾流行，蚊子到处传染着这种可怕的疾病。而当地的印第安人虽不知此病的病因病名，但却有办法对付。他们把金鸡纳树的树皮剥下来晒干，然后研成粉末，用水调和，病人喝下这种液体就可以痊愈。为此，印第安人称这种具有特殊药效功能的金鸡纳树为“生命之树”。

来到西班牙的伯爵夫人安娜也患上了疟疾。护理她的是一位名叫珠玛的印第安姑娘。安娜性情温和，对殖民者残杀镇压印第安人的政策非常痛恨，对家中的仆人也平等相待，为此，珠玛和安娜亲如姐妹。珠玛见安娜先发冷，再高烧，后大汗而痛苦不堪的病况，感到非常忧伤。虽然她的本族人不想把用金鸡纳树树皮粉末治疗此病的秘方告诉西班牙人，但为了拯救安娜的生命，她还是在安娜的药里放入了一些金鸡纳的树皮粉末。这一幕恰好被伯爵大人亲眼目睹，他以为珠玛是在暗害自己的妻子，当即追问珠玛此举之目的。可珠玛不能将事情的真相告诉他，否则，其他印第安人就会因她泄密而将她处死。伯爵勃然大怒，马上将珠玛关押并严刑审讯，珠玛咬紧牙关，一字不吐。伯爵气急败坏，下令堆起木柴，欲用火刑烧死珠玛。千钧一发之际，重病的安娜苏醒过来了，她发觉珠玛不在自己身边，便问她在哪里，其他女仆如实相告。安娜听后立即赶赴刑场，向丈夫道明真相，珠玛获救了。不久后，印第安人的这种治病方法传入欧洲，金鸡纳树皮的医疗价值迅速引起欧洲许多医学家的重视。1820 年，法国药剂师佩尔蒂埃和卡芳杜经过长时期的试验，终于在金鸡纳树皮中提炼出了闻名世界的治疟疾特效药，接着，这种药便传到了亚洲。传到我国时，便被译成金鸡纳霜了。金鸡纳霜还有一个名字叫奎宁，是秘鲁语的音译，原意就是“树皮”。

金鸡纳树是秘鲁的国宝，秘鲁政府特地颁布了禁令：如果有人把树种或树苗转让给外国人，要受到法律严厉制裁。荷兰殖民者为了同秘鲁竞争，千方百计想把金鸡纳树种到爪哇去，先后两次派出德国植物学家哈斯卡尔潜进秘鲁去窃取树苗。1852 年，哈斯卡尔第一次从玻利维亚偷越国境，爬上安第斯山，窃取到不少树苗，但由于过境手续的关系，在巴拿马耽搁了半年多，树苗全部枯死了。1854 年，哈斯卡尔第二次潜入秘鲁，共偷到树苗 500 多株，荷兰政府特地派军舰去接应他。由于照料不好，只剩下 16 株活树苗，就将它们移种到爪哇岛的盖特山上。如今，印度尼西亚已经成为世界上种植金鸡纳树最多的国家，金鸡纳霜的产量和出口量都占世界第一位，远远超过了秘鲁。

金鸡纳霜是清朝初年由法国传教士带入我国的，因曾治愈了康熙皇帝的疟疾而引起重视。中国医学家按照中医学的理论对它的性味、功用、主治进行了深入的探讨研究，并不断拓宽它的临床应用范围，为我所用，使其在后来成为了中药宝库中一名崭露头角的新秀。与此同时，云南、广西、台湾等地成功引种金鸡纳树，提供了大量廉价的药材，实现了金鸡纳用药的国产化。昔日御用珍品逐步走进寻常人家，成为广大群众治疟疾的当家药。

金鸡纳霜与黄连中富含的黄连素一样是一种生物碱。不同的植物体中会含有同样的生物碱，但也有一些植物中含有多种生物碱，像在麻黄中就发现了6种生物碱，罂粟中有20多种生物碱。生物碱在植物体中的含量从万分之几到百分之一二不等，而金鸡纳霜在金鸡纳树皮内的含量竟高达16%。

粗壮的栗树

世界上有许多巨大的树木，北美最大的“世界爷”直径达12米，非洲的大胖子树——猴面包树直径也有10多米，但它们和生长在意大利的“百骑大栗树”相比只能称弟弟。

百骑大栗树又叫“百马树”，生长在意大利西西里岛的埃特纳火山的山坡上。关于这株栗树还有一段有趣的逸事。中世纪时，西西里岛一度被西班牙的阿拉贡王国统治。一年夏天，阿拉贡王带了百名随从骑马来到埃特纳火山脚下巡视，突遇大雨，附近又没有可供避雨的房屋。正巧不远处有一片“小树林”，于是国王带着手下急驰而至，原来，刚才见到的“小树林”，只不过是一株巨大的栗树。这株栗树的树干极粗，要30多人才能合抱，树冠枝繁叶茂，如一把天然巨伞，竟然将阿拉贡王手下的百余名骑手全部遮住。从此，这株护驾有功的栗树就出了名，被誉为“百骑大栗树”。它的树干直径达17.5米，周长有55米，需30多人手拉着手，才能围住它。树下部有大洞，采栗的人把那里当宿舍或仓库用。这颗栗树不仅是世界上最粗的树木，也是最粗的植物。

栗树是山毛榉科栗属中的乔木或灌木总称，有八九种，分布于北半球

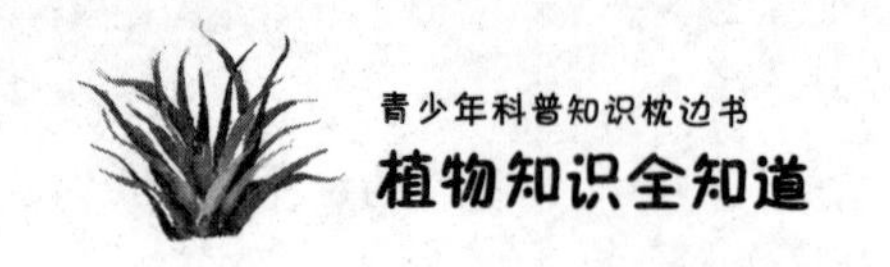

的亚洲、欧洲、美洲和非洲，大部分种类的栗树都是 20 ～ 40 米高的落叶乔木。栗木非常坚固耐久，不容易被腐蚀，颜色发黑，有美丽的花纹，是非常好的装饰和家具用材。但由于栗树生长缓慢，所以大尺寸的栗木非常昂贵。

各种栗树都结可以食用的坚果——栗子，它自古就是干果之中的佼佼者。在我国西安半坡新石器时代遗址中，已发现有栗子的实物遗存，说明它距今已有 6000 多年的采食历史。春秋战国时期，栽种栗子已很盛行。

栗子属于坚果类，但它不像核桃、榛子、杏仁等坚果那样富含油脂，它的淀粉含量很高。干板栗的碳水化合物达到 77％，与粮谷类的 75％相当；鲜板栗也有 40％之多，是马铃薯的 2.4 倍。鲜板栗的蛋白质含量为 4％～ 5％，虽不如花生、核桃多，但略高于煮熟后的米饭。

作为食品，栗子目前在我国最流行的吃法是糖炒栗子，用糖色和沙子混合，将变成黑色的沙子和栗子混合炒，一是使栗子受热均匀，二是使栗子中的糖分不容易损失。炒出的栗子甜香适口。北京小吃中有栗子面的小窝头，据说是从皇宫中流传出的做法，当年曾受到慈禧太后的喜爱。

栗子还具有较好的药用价值。中医把栗子列为药用上品，认为能补肾活血、益气厚胃，可与人参、黄芪、当归媲美，尤其对肾虚有良好疗效，故称“肾之果”，久服可增强体质、祛病延年。现代医学认为，栗子含有丰富的不饱和脂肪酸、多种维生素以及矿物质，有预防和治疗高血压、冠心病、动脉硬化、骨质疏松等疾病的作用，所以对老年人颇为适宜。

知识链接 >>>

栗子、榛子等植物的果实，外壳非常坚硬，故而称为坚果。坚果是植物的精华部分，一般都营养丰富，含蛋白质、油脂、矿物质、维生素较高，对人体生长发育、增强体质、预防疾病有极好的功效。

塔里木的胡杨林

这是一种多变的树，春夏为绿色，深秋为黄色，冬天为红色。这是一种坚强的树，活着千年不死，死后千年不倒，倒后千年不烂。这种树就是胡杨。

胡杨是杨柳科的落叶乔木，能长到20多米高。胡杨的样子介于杨柳之间。胡杨的幼树很像小柳树，枝细长，叶很窄；树长大了，叶长宽了，又和杨树差不多。有趣的是，在同一棵树上，叶子的形状也不相同。上面的枝条长着杨叶，下面的枝条长着柳叶，中间就似杨非杨，似柳非柳了。这种丰富多变的叶形，在其他树上是很少见的。

胡杨的繁殖方法也很有趣。每年初夏，它那细长的蒴果自动裂开，里面有千万颗带翅的种子，随风飞向远方扎根；如果落到水里，它会随波逐流，一旦在岸边落脚，很快就会生根发芽。所以河水流到哪里，哪里就有胡杨林。

胡杨的再生能力很强，它还能从侧根上萌发新株。它的侧根能伸出几十米远，每条侧根上都能长出许多小树来。在塔里木的胡杨林中，二三百年的老树周围，还有许多高矮不同的小树，它们都是从侧根上长出来的。如果胡杨林发生火灾，只要地下的根烧不死，就会重新发出幼苗来；胡杨被砍伐后，老树桩上也会发出新枝，几年后又能长成大树。所以，胡杨是不怕火烧的树，也是不怕砍头的英雄树。

胡杨是荒漠地带唯一高大的树种，曾经广泛分布于我国西部的温带、暖温带地区，新疆库车千佛洞、甘肃敦煌铁匠沟、山西平隆等地，都曾发现胡杨化石，证明它距今已有6500万年以上的历史。如今，除柴达木盆地、河西走廊、内蒙古阿拉善一些流入沙漠的河流两岸还可见到少量的胡杨外，全国胡杨林面积的90%以上都蜷缩于新疆，而其中的90%又集中在新疆南部的塔里木盆地——一个被称为“极旱荒漠”的区域。

塔里木盆地是我国最大的盆地，盆地中部就是面积最大、最干旱的塔克拉玛干大沙漠。盆地的四周，高山上的雪水汇成河流，浇灌着盆地边缘的冲积平原。塔里木河，环流在盆地的北半部，是我国最长的内陆河。自古以来，塔里木河及其支流两岸，就生长着大片的胡杨林。塔里木盆地南部有许多小河，在它的下游也有成片的胡杨林，人们的吃、住、行都得靠它。

胡杨枝繁叶茂，庞大的树冠像一把把巨伞遮住了戈壁滩灼热的骄阳，来到胡杨林下，凉爽宜人。林下的枯枝落叶很多，显得松软而又湿润。胡杨的用途很多，野生动物以它的枝叶为食，砍下枝叶可作家畜饲料；木材可作建筑材料或造纸原料，当地人还用它做独木舟；胡杨的老枝，又可以作柴烧。进入20世纪以后，人们不合理的社会经济活动，导致塔里木盆地胡杨林面积锐减。胡杨及其林下植物的消亡，致使塔里木河中下游成为新疆沙尘暴两大策源区之一。

如今，人们已从挫折中吸取了教训，开始了挽救塔里木河、挽救胡杨林的行动。向塔里木河下游紧急输水已初见成效，两岸的胡杨林开始了复苏的进程。面积近39万公顷的塔里木胡杨林保护区已升级为国家级自然保护区，以胡杨林为主体的塔里木河中游湿地受到国际组织的关注，并被列为重点保护对象。第一次受到人类如此高规格礼遇的胡杨林，一定不会辜

负人类的期待，将重展历史的辉煌！

知识链接>>>

胡杨是杨树的一种，与白杨和山杨是同胞兄弟，与柳树是亲缘关系稍远的堂兄弟。但是，一般杨柳都生活在湿润的条件下，在几百种杨柳中，只有胡杨能在干旱的沙漠边缘生长。

青檀与“纸中之王”

世界上的纸有很多，我们平时见的报纸（新闻纸）、书写纸、包装纸、卫生纸、钞票纸等。在所有的纸中，唯有我国产的宣纸，堪称奇葩，有“纸中之王、千年寿纸”的誉称。制造宣纸的材料来自檀树家族里一位被称为“中华瑰宝”的成员——青檀。

青檀是我国的特产树种，又名檀皮、翼朴、青藤，属榆科青檀属，主要分布在皖南山区溪谷地带及皖北琅琊山的森林中。用青檀的皮来制造宣纸是一位名叫孔丹的工匠发明的。

相传孔丹是蔡伦的徒弟，他一直想造一种精良的白纸，继承师业，为师傅画像。但是，屡次试验都失败了。经过一番筹划，孔丹背起包袱，夹着雨伞，辞别亲人，跋山涉水，行万里路，周游四方，寻师访友，切磋技艺，以了却心愿。

有一天，他来到宣州府（现在安徽省泾县境内），踏着泥泞的小路，在蒙蒙的雨丝中，继续向前行走。突然，孔丹觉得眼睛一亮，在灰色的山雾中发现沟边溪水里似乎有一片雪白的东西！他三步并两步地赶过去，弯腰细看：原来是一些树枝掉进山沟里，被长年不断的潺潺溪水浸泡，天长日久，变白了。孔丹迟疑了一会儿，一连串的问号在他的脑海中浮起：这是什么树？这是什么水？这是什么地方？

孔丹决定留下来，他上山打柴，搭盖草屋，又向周围的樵夫、乡亲们请教。流年似水，一晃三年过去了。孔丹终于弄清楚了这种四季生长的常绿树，名叫青檀。它是当地的特产，别处极少生长。青檀的纤维柔软、细长，特别适合造纸。这山中的溪水也不同于一般。水质清澈见底，通过怪石嶙峋的山洞，蜿蜒流出，再分成两股而去。一股水适合制浆（后来才知道这股水流含碱）；另一股水利于抄纸（后来才了解到那股水流含酸）。这是大自然的巧安排，可谓得天独厚。

孔丹和他的朋友经过多年的不懈努力，以青檀树皮为原料，精心加工，先在溪水中分散开纤维，然后在水中捞起纤维，交织于竹帘上，再压榨，烘干，从而制成了质量最上乘的纸。由于这种纸是在宣州府生产的，因地得名，故称之为宣纸。

现在，宣纸的制作工艺更为精细，它是以青檀树为主，配以部分稻草，经过长期的浸泡、灰腌、蒸煮、洗净、漂白、制浆、水捞、加胶、贴烘等18道工序，100多道操作过程，历时一年多，方能制造出优质宣纸。

除了皮可用来造纸之外，青檀浑身都是宝。其树叶和种子能作猪、羊饲料，细枝条用来编筐，枝杈还可做农用杈齿。青檀的材干凹凸不平，但因其材质细密而坚硬，纹理真，可用于制作柁、檩、家具、车轴、小农具、绘图板、砧板、细木加工及各种木柄等。因此，青檀既是久负盛名的特种经济树种，又是崭露头角的水源林树种，还是用途广泛的用材树种。

知识链接>>>

宣纸是专供毛笔作书画用的纸，其润墨性好，变形性小，耐久性高，能够适应笔锋、泼墨的浸湿，显出“力透纸背”的神效。而且，这种纸还不怕搓揉，裱后能平展如初。另外，宣纸寿命极长，我国流传至今的大量古籍珍本、名家书画墨迹用的大都是宣纸，保存至今依然完好。

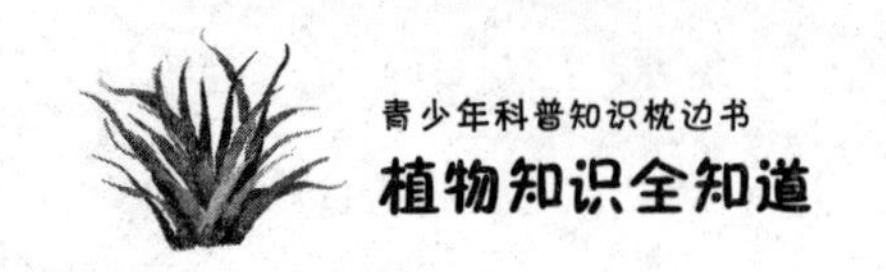

澳大利亚的桉树

我们知道，澳大利亚是一块独立的大陆，与世隔绝的状态造就了它独特的动植物种群。在众多的奇花异草和珍稀树木中，澳大利亚人非常喜欢桉树，他们自豪地把桉树尊为“国树”。

桉树原产澳大利亚及其附近岛屿。它是桃金娘科桉树属植物的总称，约有600种，而澳大利亚便有其中的500多个品种。在澳大利亚的桉树中，杏仁桉是世界上最高的树，它们一般高达100米，其中一株，甚至高达156米，有50层楼那样高。我们知道，住在第50层楼的人要想喝上水，必须给大楼安装水泵，靠极大的压力把水送到楼顶。那么处在100多米高的杏仁桉顶部的枝叶怎样才能“喝”到水呢？不要担心，植物自有一套输导水分的妙法。

如果你从比较靠近地面的地方折断一棵草本植物的茎，过一会儿，你就会看到从折断的伤口处流出液滴，这是植物根系的生理活动所产生的能使液流从根部向上升的压力造成的。杏仁桉这样的大树根部的压力当然比

草本植物大得多。但杏仁桉毕竟有100多米高，光靠根部的这种压力还不足以把水压到树顶的叶子里。而能把水“拉”上来的力量还有蒸腾作用，它的拉力远大于根部的压力。水分从叶表面的气孔散失到空气中后，失去水分的叶肉细胞会向旁边的“同伴”要水，“同伴”再向旁边的细胞要水。接力棒这么传递下去，就得从导管里要水了。

导管里的水给了叶肉细胞，导管中的水柱会不会断裂而形成一段无水的空白区呢？不会。当你向杯子中倒满水，稍高出杯沿的水面是弧形的，它们不会流出杯子。这是因为水分子彼此“手拉手”，团结一致，紧紧聚集在中央，才没有流出来。导管中的水也是“手拉手”的，当最远处的水分子被吸收到细胞中去时，与它“手拉手”的水分子被拖拽着向上移动，补充了它的位置，而下一个水分子又补充了与自己“手拉手”的“同伴”的位置。就这样，水分子们紧紧地“携手相随”，谁也不松开，保证一起行动。

杏仁桉靠着这几种力量把水从根部吸收进来，再经过长长的输水线送到树梢，这个过程只需几个小时。据测定，水在植物体内由低处向高处运送的速度为每小时5～45米，一般的草本植物只需10多分钟，全身细胞就能“喝”上水了。由于身材高大，桉树每年蒸发掉的水分达17万升。它像一台大抽水机，把树下地里的大量积水抽去了，因此地面上总是干干的。在低湿地区，由于种植了桉树，使沼泽地变成干燥地，蚊子失去了滋生的环境，疟疾的传染受到阻止。由此人们叫它“防疟树”。

桉树木材质地致密坚重，在造船工业上是一种价值极高的木材。用桉木做的木桩、电杆和路面材料，经久耐用。桉树叶子蒸馏后，可得到“桉叶油”，具有兴奋、发汗等作用，能治感冒、疟疾、支气管炎、肺炎等病。叶中含有各种单宁，是提炼栲胶的重要原料。桉叶能分泌出一种芳香油，氧化时产生氧化氢，能使空气清新，并可驱除蚊虫，是疗养区、风景区和住宅区理想的绿化树种。

澳大利亚人没有独享大自然给予他们的这份珍贵礼物，而是把它献给世界。从19世纪开始，桉树种子就在地中海沿岸发芽并且迅速向非洲、亚洲和美洲发展。19世纪末，桉树远涉重洋来到我国落户。现在，我国引种

的桉树共有70多种，主要栽培在温暖湿润的南方，以广东湛江地区为最多。桉树在我国生长良好，大有发展前途。

知识链接 >>>

桉树不但是世界上最高的树，同时也是世界上生长得最快的树种，在生长旺季，桉树一天就可以长高3厘米。由于生长快，桉树的轮伐期很短。云杉人工林的轮伐期为70年，马尾松人工林的轮伐期为20多年，而桉树人工林的轮伐期只有5～7年。因此，桉树的经济效益是林业产业中的佼佼者。

不结种子的孢子植物

在植物界的数十万种植物中，约有10万种是不会产生种子的。不过，它们能产生一种比种子小得多的生殖细胞——孢子，进行繁殖。我们熟悉的藻类、菌类、地衣植物、苔藓植物和蕨类植物都是不产生种子的植物，在植物学上统称为孢子植物。

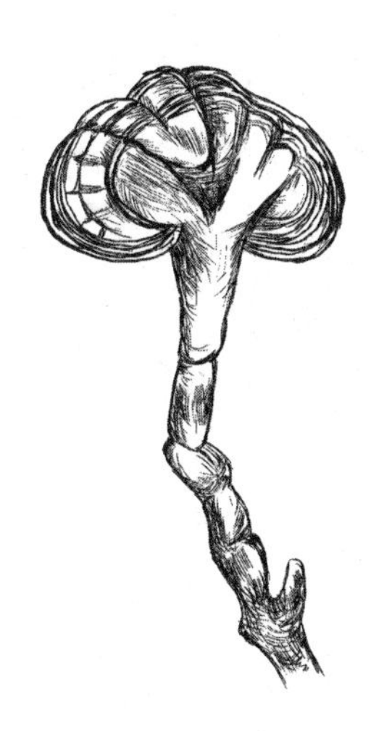

孢子植物大多比种子植物小，而且大多生长在潮湿的地方。如藻类植物大多数生活在水中，许多植物体为单细胞，要用显微镜才能看清它们的面貌。最大的硅藻也不过400～500微米，一张普通邮票就可放下5000个。硅藻的形状和颜色非常多，是鱼类和其他许多小动物的食料。最大的藻类要数美国产的巨藻，长达30多米，是藻类中的“巨人”。

菌类则包括供人们食用的蘑菇、猴头、木耳等，面包师做面包、馒头时常用的酵母及烂水果或皮革上长的霉也都属于此类。它们一般无光合作用色素，靠其他有机体的营养生活，是一类寄生或腐生的植物。除了对人类有用的孢子植物，也有些是对人类有害的，如霉菌、毒菌等。

在自然界，地衣往往与苔藓植物为伴，因此，二者容易被人们混淆。实际上，苔藓植物有根、茎、叶的初步分化，而地衣则无真正根、茎、叶

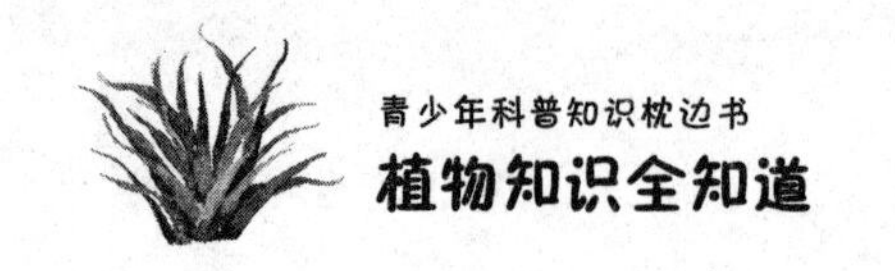

的分化；它不仅在进化上比苔藓植物更为原始，更重要的是它并不是单一的植物有机体，而是由真菌和藻类共生的复合有机体。在形态、解剖、生理、化学及分布方面，地衣既不同于自由生活的真菌，又有别于自由生活的藻类。有人曾试验把地衣复合体的藻类和菌类取出，分别培养，藻类生长、繁殖旺盛，菌类则被饿死。可见地衣上的菌类，必须依靠藻类生活。

蕨类与苔藓一样已有根、茎、叶的分化，具有植物由水生登陆后完全适应陆地生活的结构。在遥远的古代，蕨类曾盛极一时，很多是高大的乔木，直至三叠纪，很多种类相继绝迹，有的演变为草本。在现今的一些热带和亚热带地区，还可以找到为数不多的长得像树一样的蕨类植物，如我国一级保护植物桫椤。

孢子植物是地球上所有植物的祖先。科学家们认为，6 亿多年前的地球，干旱的陆地风沙弥漫，一派凄凉景象，荒凉的原野上看不到一棵绿色植物，只有在原始的海洋内生长着各种各样的藻类植物。后来，它们由水生到陆生、摆脱水的束缚成功登陆，这是植物进化史上一个极为重要的里程碑。然而遗憾的是，在科学如此发达的今天，人类对陆地植物起源的真相仍然一知半解，尤其对确认谁是最早登陆祖先的问题，科学家们之间存在着巨大的意见分歧。他们有的认为最早登陆的植物是一种蕨类植物，有的认为陆地植物的祖先是苔藓，有的认为某些褐藻类植物才是陆地植物的祖先，有的则认为陆地植物的祖先是绿藻门植物。

对于陆地植物最早祖先的问题，尽管学者们进行了大量的研究，提出了许多有意义的推测和假说，但它依然属于尚未完全解开的谜团。今天，科学家们期待能获得更多的有力证据，以便最终做出尽善尽美的解释。

知识链接 >>>

在所有的植物中，凡是能产生种子的称为种子植物，不会产生种子的称为孢子植物。一般来说，凡是乔木、灌木、藤本植物几乎都是种子植物；凡是能开花的，都是种子植物；凡是能结果实的都是种子植物。

藻类中的“巨人”

在美洲、大洋洲的太平洋沿岸海域中，生长着一类个体极为巨大的褐藻门植物。它们的成体往往长达百米，最长的可达400米，是海洋中身体最长的植物。这类海藻藻体的主柄上有多达100个、长15～60米的细长分枝，分枝上生有众多侧生的“叶片”，整体重量可达数百公斤，其身体之硕大在藻类植物中无与伦比，因此被称为巨藻。

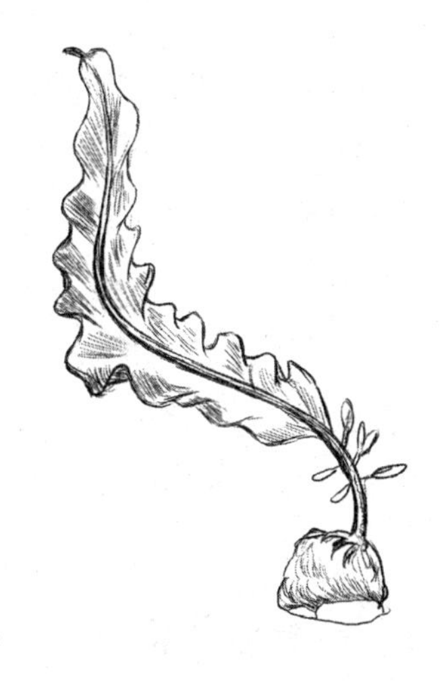

巨藻形似海带，但比海带大得多，身体没有根、茎、叶的分化，但有类似根、茎、叶的结构。它的根，有不少分枝，称作假根。假根不是用来吸收水分和养分的，只是用它固着在海底的岩石上，因此又叫固着器。一棵大的巨藻，假根的直径可达1米。在假根上长着又粗又长的柄，这就是巨藻的“茎”。柄上每隔10～15厘米，生着一张扁平的假叶，假叶的基部宽，先端窄，长可达1米左右，宽可达10厘米，在每片假叶的基部都有1个气囊，气囊的直径约有3厘米，里面充满空气，活像打足气的小皮球，巨藻依仗成千上万个这样的气囊，漂浮在海面上。巨藻的柄，开始的部分是直立的，从假叶着生的地方，直到柄的末尾全都漂浮在海面，弯弯曲曲，随浪摆动，活像一条凶恶的海蛇。

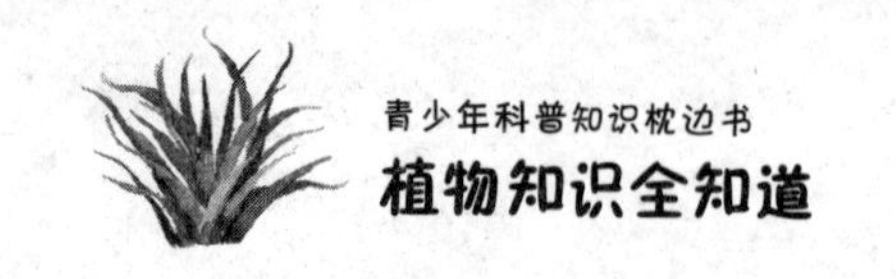

巨藻用孢子繁殖后代，它的假叶上，可以生出许许多多的孢子。别看巨藻身体硕大无比，孢子却小得可怜，直径只有几个微米，肉眼根本看不见它。每个孢子都长着两根鞭毛，能在水中自由游动。在它尽情遨游之后，就萌发成丝状体。丝状体有雌雄之分，雄的丝状体产生精子，雌的丝状体产生卵。精子也有两根鞭毛，靠鞭毛游近卵，与卵融合成合子。合子萌发后渐渐长成一棵新的巨藻。

巨藻是一种多年生、冷水性藻类，每年老叶死去，新叶重生。寿命可达12年之久。巨藻是世界上生长速度最快的植物之一，每天可长2～3米。在太平洋东部和大洋洲附近的浅海里，巨藻常常在海底形成一片气势磅礴的“海底森林”。有趣的是，巨藻的再生能力也特别强，像割韭菜一样割掉巨藻漂浮在水面的部分，几个月后它又长到原来大小，一年可以收割三四次，一亩水域一般能收割鲜品60吨左右。

巨藻的经济价值很高，据人们分析，巨藻体内含有9.2%的蛋白质、18种氨基酸、多种维生素，还有不少含钾化合物和微量元素，是家畜和鱼类的良好饲料。从巨藻体中可以提取褐藻胶、碘、甘露醇等工业原料。其中，褐藻胶主要用于造纸、纺织和金属加工等方面，价值很高。巨藻还有一项重要用途，就是能产生沼气。人们把巨藻磨碎，经过细菌发酵，就能产生出沼气来。用巨藻提取沼气，成本低、污染少。预计在不久的将来，巨藻可能和煤、石油并肩媲美，成为一种新型的绿色能源。

知识链接 >>>

海洋中茎最长的植物是巨藻，陆地上茎最长的植物是产于热带雨林的白藤，它的茎从根部到顶部最长的竟达500米。它用茎尖和往下弯的硬刺攀缘在别的大树上，这条带刺的“长鞭”攀到树顶后，无处可去，那越来越长的茎只好往下坠，形成无数怪圈套在大树周围，因此人们称它为“鬼索”。

大海里的“草原”

海洋里有一万多种植物，绝大多数都是低等的叶状植物，也就是海藻和海洋菌类。其中，马尾藻是最大型的藻类，也是唯一能在开阔水域上自主生长的藻类，这种植物并不生长在海岸岩石及附近地区，而是以大“木筏”的形式漂浮在大洋中，直接在海水中摄取养分，并通过分裂成片、再继续以独立生长的方式蔓延开来，形成辽阔的海上草原。在北大西洋中心，就有一块马尾藻形成的海上草原——马尾藻海。

1492 年 9 月 16 日，在大西洋上航行了多日的哥伦布探险队，忽然望见前面有一片大“草原”。要寻找的陆地就在眼前，哥伦布欣喜地命令船队加速前航。然而，驶近“草原”以后却令人大失所望，哪有陆地的影子，原来这是长满海藻的一片汪洋。奇怪的是，这里风平浪静，死水一潭，哥伦布凭着自己多年的航海经验，感到面前的处境危险，亲自上阵开辟航道，经过 3 个星期的努力，才逃出这可怕的“草原”。哥伦布把这片奇怪的大海叫作萨加索海，意思是海藻海。这就是今天的马尾藻海。

马尾藻海域海水盐度很高，加上海水运动不强烈，悬浮物质下沉很快，

不利于浮游生物繁殖生长，因此浮游生物较少，同时以浮游生物为食物的海兽和大型鱼类也无法生存，于是这一海域就显得毫无生气，死气沉沉。然而，具有顽强生命力的马尾藻不知什么时候，从什么地方来到这儿“安家落户”，并“生儿育女”，繁衍成一个大家族，使马尾藻海仿佛是一条巨大的印着蓝色条纹的橄榄色地毯。据调查，马尾藻海域中共有八种马尾藻，总量可达1500万～2000万吨。这些马尾藻绝大部分不是长在海底，而且没有传种的生殖器官。它们非常适应漂浮生活，能够直接从海水中吸收养分。令人费解的是，这个海区并不是那么“肥沃”，为什么马尾藻还能大量繁殖和生长？有人认为，马尾藻海的各种马尾藻是从西印度群岛附近漂来的。也有人认为，是由本海生长出来的，最早它可能来自海底的苗床，后来进化到有自由漂浮的能力，并长出幼芽，逐渐变成了新的马尾藻。

从20世纪50年代发射的人造卫星拍摄的照片上看，被海藻覆盖的马尾藻海是一个呈椭圆形的海区，其面积约为450万平方公里。地理位置恰好处于大西洋北部环流的中心，因此，它像台风眼无风一样，是一个风平浪静、水流微弱的海区。但表面恬静文雅的马尾藻海，实际上是一个可怕的陷阱，充满奇闻的百慕大“魔鬼三角区”几乎全部在这里，经常有飞机和海船在这里神秘地失踪。

马尾藻海为什么海难事件多呢？许多航海家推测，失事原因可能是因为轮船在无意中误入这一海域后，被马尾藻缠住了螺旋桨，使轮船动弹不得，甚至失去控制，造成倾覆或碰撞沉没。有人不同意这种观点，认为这观点只能解释一部分船只的失事原因，至少不能解释为什么飞机在这一海域也易于失事。究竟是什么原因呢？目前还没有一个令人信服的答案。

知识链接>>>

马尾藻是褐藻的一属，现有250种，广泛分布于暖水和温水海域。我国是马尾藻主要产地之一，有60种。褐藻在藻类中属最高级的类型，是海洋中特有的植物。马尾藻和海带是褐藻中最常见的两个种类，是海洋中碘和钾碱的重要来源。

生命力极强的地衣

在海拔四五千米的高山和地球南、北极，气候寒冷，但在一片白色世界里，却不乏植物的绿色身影。世界上最耐寒的植物——地衣就是其中之一。

地衣无花、无果，也无根、茎、叶的分化，属于低等植物。它是一类由真菌和藻类组合而成的复合有机体，通常真菌菌丝缠绕并包围藻类细胞。藻类经光合作用，制造有机物供给自身及真菌，真菌则吸收水分、无机盐和二氧化碳等提供给藻类。有人曾试着把两者分开，结果藻类照样能生存，而真菌却不能存活。地衣这个共生体除了营养供应上相互弥补外，还具备了极强的生命力。科学家们曾把生长在南极的两种地衣放入到－196℃的环境下进行耐冻试验。若干小时后，重新放回到正常的环境中，发现它们仍有活力，仍能保持正常的生长状态。这也恰恰证明了地衣的一个特点，即在恶劣环境下，停止生长，处于休眠状态，待到条件好转时才恢复生长。所以，它们的生长速度十分缓慢，以至于不能用月日计算。一位美国植物学家曾对地衣的生长情况进行追踪测试，发现有些地衣的直径9年仅仅增长2厘米。

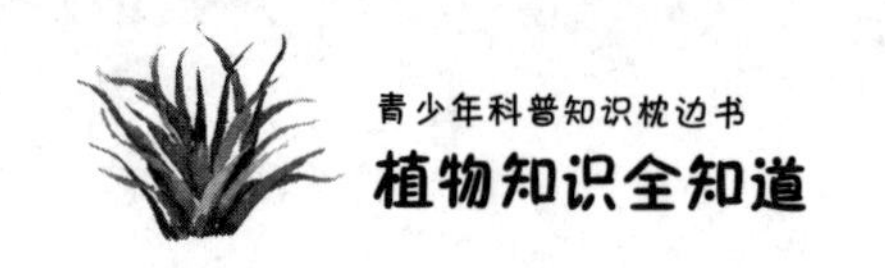

正是依靠这种特殊的本领，地衣广泛分布于全球各地，许多植物不能生长的地方，它却能安家落户。从南北两极到赤道，从高山到平原，从森林到沙漠，甚至搪瓷、铁器、纺织品上都有它的足迹。生长于峭壁和岩石上的地衣，能分泌地衣酸腐蚀岩石，加速岩石的风化，为日后苔藓等高等植物的生长创造条件。所以，地衣被认为是自然界的开路先锋。

地衣分布得那么广泛，它的妙用也是多方面的。很多地衣有药用价值，我国自古就用地衣中的松萝来医治肺病，石耳用来止血或消肿。李时珍在《本草纲目》中记载了石蕊的药用价值，说它有和津润喉、解热化痰的功效。近年来从松萝、石蕊等地衣中提取抗生素，做成的药膏用来治疗烧伤和外伤，效果比青霉素还要好，而且没有青霉素的副作用。

地衣也可以食用。地衣中的石耳一直是名贵的山珍。庐山所产的石耳更是驰名中外。南方的一些城市，把地衣中的扁枝衣和树花，经过草木灰的处理，作凉菜拌食。不同种类的地衣在世界各国还是土产食品的原料。例如，冰岛人用地衣磨成粉加在面包、粥和牛奶中吃；法国人用地衣制造巧克力糖和粉糕；也有些国家用地衣发酵酿酒。

地衣可以用作饲料。地衣是饲养鹿和麝的良好饲料，特别是在寒带、亚寒带地区的国家和民族，在漫长的冬季，驯鹿吃不到杂草、嫩枝、嫩芽，就以地衣作为主要饲料。如东北大兴安岭的鄂温克族和北欧的一些国家和地区，把地衣像割草一样收割起来，作为饲养动物的冬季饲料。

地衣还可以用作化工原料。早在13世纪，希腊和地中海地区的人民就用地衣作染料了，现今地衣可以制作多种染料。地衣中的石蕊，用它制成的试剂，对酸碱度反应灵敏，做成的石蕊试纸，迄今仍是化学工业和实验室常用的测定纸。地衣还可提取芳香精油，作为香精的原料。在法国，很多化妆品与香水就是以地衣为原料，很受大家欢迎。

由于地衣生长缓慢，产量不多，目前各国正在走人工合成地衣中的有效化合物的道路，以使地衣更好地发挥它的妙用，为人类服务。

知识链接>>>

地衣是真菌和藻类的结合体，也是自然界中最突出、最成功的共生现象的范例。因为两种植物长期紧密地联合在一起，无论在形态上、构造上、生理上和遗传上都形成一个单独的固定有机体，因此，分类学上把地衣当作一个独立的门看待。地衣植物全世界有500余属，25000余种。

开花的被子植物

桃子、李子、梅子、杏子这类水果，我们吃的是它的果实。果皮果肉包着核，核里面就是种子。这种用果皮包着种子的植物，就叫被子植物。因为这类植物有显著而美丽的花朵，所以又称显花植物。虽然被子植物这个名称听上去有些专业，但在人类生活的方方面面，几乎都有它们的身影和贡献。

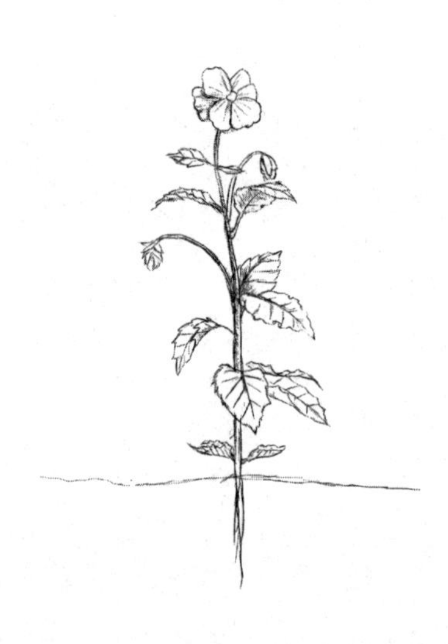

被子植物是植物演化过程中最后出现的种类，也是植物界最高级、分布最广、形态变化最多和构造最复杂的一类种子植物。大自然只有进入被子植物时代，才有了真正的花，大地才开始真正变得绚丽多彩、生机盎然。我们平常看到的树木、花草、庄稼、蔬菜、牧草以及其他经济植物，除了松、柏类植物以外，绝大多数都属被子植物。

被子植物的花由花萼、花冠、雄蕊和雌蕊组成。花萼和花冠的主要功能是保护花并招引昆虫传送花粉。花的中间是雌蕊和雄蕊，这是花的雌雄性器官。一个雄蕊由花丝和花药组成，花药里产生花粉粒。成熟的花粉粒在内部结构上有两种形式，一种是含有一个营养细胞和一个生殖细胞，例如棉花、百合的花粉；另一种是含有一个营养细胞和两个精子，例如小麦、白菜的花粉。精子是由生殖细胞分裂形成的，生殖细胞的分裂可能在花粉粒里进行，也可能在花粉萌发后长出的花粉管中进行。

雌蕊分柱头、花柱及子房三部分，形似一个花瓶，子房内壁生有1个或多个胚珠。胚珠是植物“胎儿”生长的地方，早期每个胚珠的中间有一个囊状的东西，称作胚囊，它是由胚囊母细胞经减数分裂形成的。在显微镜下可以看到成熟的胚囊里包含一个卵细胞、两个助细胞、三个反足细胞及一个含有两个极核的中央细胞。

植物开花时，成熟的花粉被风或昆虫传送到同一种植物雌蕊的柱头上，受到柱头上黏液的刺激，花粉粒开始萌发，形成花粉管。花粉管穿过花柱和子房壁直达胚珠，进入胚囊，并将花粉管内的两个精子释放到胚囊里，一个精子与卵细胞结合形成受精卵，由受精卵发育成胚；另一个精子与两个极核结合形成受精极核，由受精极核发育成胚乳。这样，受精后的胚珠就变成了种子。当卵细胞受精以后，整个花受到新的刺激，花的各部分发生显著变化。花柱、柱头、雄蕊、花冠等都凋谢了，多数植物的花萼也脱落了，只剩下子房。大量的有机物不断地运向子房，子房就开始发育、膨大，最后形成果实。

在被子植物中，两个精子同时、分别与卵细胞和极核结合的现象，叫作双受精现象。双受精现象在低等植物里没有，动物里也没有，是被子植物所特有的。双受精的结果，不仅使“胎儿”带有父母双方的遗传特性，而且供给“胎儿”发育用的胚乳，也带有父母双方面的遗传物质。这样产生的后代，必然具有较强的生活力和适应性，从而保证了被子植物在多样化的自然环境中得以广泛地生存和繁殖。

目前，被子植物分布遍于全球，它们当中，既有生长期仅几星期的短命菊，又有寿命高达数千年的龙血树；既有高达100多米的澳大利亚杏仁桉树，也有比芝麻还小得多的无根萍。世界上被子植物物种最丰富的国家是地处热带的巴西和哥伦比亚，它们分别居第一位和第二位。中国国土主要部分不在热带，但被子植物的种数仍居世界第三位，300余科，30000多种。

知识链接>>>

被子植物是植物界中种类最多的植物，全世界约有被子植物400多个科，将近30万种；其次是真菌，约10万多种；藻类和苔藓植物各有2万多种；蕨类植物1万多种；细菌2000多种；裸子植物最少，只有800多种。

顽强的杂草

当今世界，饥饿人口总数已经超过10亿。专家们认为，在导致饥饿问题的众多原因之中，有一个主要原因在很大程度上没有得到足够的重视，这就是杂草。

杂草是指生长在有害于人类生存和活动场地的植物，一般是非栽培的野生植物或对人类无用的植物。广义的杂草定义则是指生长在对人类活动不利或有害于生产场地的一切植物。杂草主要为草本植物，也包括部分小灌木、蕨类及藻类。目前，在全球30多万种植物中，被认定为杂草的植物已经超过8000种。在我国被认定为杂草的植物有119科1200多种。

杂草危害农作物和经济作物，它们与作物争肥、争水、争光照，有些杂草还是作物病虫害的寄主和越冬的场所。据调查，杂草每年对全球粮食生产造成的危害，相当于损失了3.8亿吨小麦。我国因遭受杂草的危害，每年损失粮食约200亿公斤、棉花约500万担、油菜籽和花生约2亿公斤。长期以来，杂草就是农业生产上的一大灾害。年年除杂草，岁岁杂草生。为什么杂草有这样强的生命力呢?

杂草一般都有惊人的繁殖力，一株稗草能结1.3万粒种子，狗舌草能

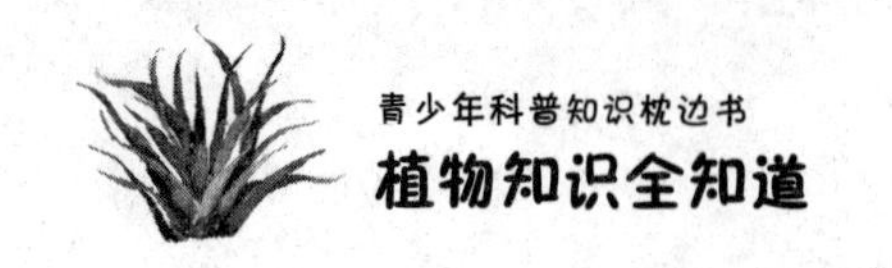

结2万粒。更有甚者，我国东北地区水边滋生的孔雀草，能结子18.5万粒，种子重量竟占全株总重的70%。杂草不仅产籽多，而且种子的寿命长，可连续在土壤中多年不失发芽能力。例如，稗子在水中可存活5～10年，狗尾草的种子可在土中休眠20年，马齿苋种子的寿命是100年，而一般农作物种子的寿命不过几年。

杂草种子具有利用风、水流或人及动物的活动广泛传播的特性。蒲公英等果实有毛，可随风云游；异型莎草、牛毛草和水稗的果实，能顺水漂荡；苍耳、鬼针草、野胡萝卜等果实上的刺或棘刺等能牢牢地附着在人或鸟兽身上，借以散布到远处去。可怕的是，杂草一旦到了新环境，一般要比在原产地生长得更旺盛。

杂草的生命力也非常顽强，有些杂草耐旱、耐寒、耐盐碱；有些杂草能耐涝、耐贫瘠。严重的干旱能使大豆、棉花等许多作物干枯致死，而狗尾草等仍能开花结籽。凶猛的洪水能把水稻淹死，而稗草以及莎草科的一些杂草却能安然无恙。

在生存竞争的过程中，杂草比一般作物有许多有利的条件，因而杂草是很难除净的。再加上多年来，农田里的杂草通过对抗各种除草剂，已经练就了一身“百毒不侵”的本领，形成了抗药性，这也给专家们研究防除杂草带来了新的难题。专家们指出，要想提高农作物产量，除了施用除草剂之外，还应该采用作物轮种的方式。这种技术是指在同一块土地上，有顺序地在季节间或年份间轮换种植不同的作物或采用复种组合，由于杂草往往与某些特定的农作物相伴而生，定期改变作物种类有助于减少杂草的生长。另外，土壤曝晒也是控制杂草和病虫害的有效手段之一。在炎热的夏季，将透明的塑料薄膜覆盖在湿润的土地上，能够提高土壤的温度，杀死其中的杂草。

随着科学技术的发展，农业科技工作者和生产者正在研究各种杂草的生长发育规律，探索新的农田杂草防除方法。现在，杂草及其防除日渐成为一门新的独立学科。

知识链接>>>

杂草也有多样的个性，它们之中也有极为娇弱的群体，比如虞美人，过去在欧洲不少国家被称为是危害农田的杂草，一度被用各种方式灭杀，随后它的数量锐减，在一些国家处于濒危的边缘，如今在比利时，杂草虞美人由过去的“被追杀”植物变成了被保护植物。

除草剂的发明

杂草一直都是农田作物的大敌，长期以来，人们运用各种方法防除杂草，其中，除草剂是消灭或控制杂草生长的一种农药，它是科学家们“歪打正着”的产物。

19 世纪末期，法国葡萄的主要产地流行着一种叫作葡萄蚜的类似绿黄色蚜虫的害虫。这种害虫是附在嫁接用的葡萄枝条上从美国传去的。葡萄酒是法国的名产，由于这种害虫的出现，葡萄大幅度减产，农民叫苦连天。

1876 年，波尔多大学的植物学教授米亚卢德不忍目睹当地的这一惨状，抛弃了纯科学研究，开始研究防治这种病虫害的方法。他把对这种病虫害有很强的抵抗力的美国葡萄作为砧木，然后嫁接上欧洲的良种葡萄接穗，从而成功地减轻了灾害。然而，在葡萄蚜传入的同时传进的病害却开始显现出来，这是由一种霉菌引起的葡萄病害。

1882 年 10 月的一天，米亚卢德经过波尔多附近葡萄园中的甬道。只见一望无际的葡萄树由于露菌病而枯萎了，米亚卢德心里非常难过。但是他发现了奇怪的现象，靠甬道的葡萄都没有染上病，生长得很茂密。这一行葡萄为了防止过路的人偷吃而喷上了波尔多液。这种溶液是由硫酸铜和石灰混合而成的，看上去呈绿色，似乎有毒，走过的人害怕葡萄上有毒，谁也不敢摘。

米亚卢德感到不解。他突然想起是否是因为波尔多液有防止露菌病和霉菌繁殖的效力呢？他回到大学后便立即着手研究。经过三年的艰苦努力，他找到了波尔多液防止露菌病的霉菌繁殖的原因。原来，在波尔多液中，硫酸铜溶解后产生了铜离子，这种铜离子能够妨碍露菌病霉菌孢子发育，因此，霉菌就不能繁殖。1885 年露菌病开始蔓延开来。为此，米亚卢德开始了大规模的实验。他把一个大葡萄园一分为二,一半喷洒波尔多溶液，而另一半什么也不喷洒。不久，没经喷洒处理的葡萄染上了露菌病，而喷洒了波尔多液的葡萄几乎都没有染病。消息传开以后，波尔多液不仅为欧洲，而且为全世界所使用。虽然波尔多液最早是用来消除虫害的，但后来人们偶尔发现波尔多液能伤害一些十字花科杂草而不伤害禾谷类作物。世界各国的科学家们据此开始了除草剂的研制。

1941 年，美国人波科尼研制出了一种新型农药，准备用来防治农作物的病虫害。但波科尼在生物测定中发现，这种农药无杀虫杀菌作用。第二年，另外两位科学家通过实验发现，波科尼研制的农药在低浓度的条件下具有调节植物生长的作用。在较高的浓度下可除灭麦、稻、玉米、甘蔗等作物田中的杂草，而不损伤作物。至此，这一“歪打正着”的研究成果开创了有机除草剂发展和使用的时代。

农作物与杂草同属于高等植物，除草剂必须具备有特殊的选择性，才能安全有效地在农田使用。有些除草剂对植物的杀伤力具有选择性，有些虽然不具备选择性或选择性不强，但可以利用它们的某些特点或农作物与杂草之间的某些差异，采用恰当的施药方法，就能达到安全除草的目的。

除草剂的使用，不仅大大减少了杂草引起的经济损失，提高了除草效率，节省了人工，而且减免了作物栽培中的部分机械除草作业。这就为改变栽培方式，如改稀植为密植，发展飞机播种水稻，发展免耕法、少耕法栽培等创造了条件。所以，除草剂的综合经济效益远远超过了杀虫剂和杀

菌剂，因而其在化学农药生产中占有重要地位。

然而，近些年，除草剂的危害也逐渐显现。除草剂会对人体产生危害，如急性中毒、产生慢性危害、致癌等；还会对其他生物产生危害，如致害虫天敌及其他有益动物死亡，化学除草剂的生物富集使植物中的农药可经食物链逐级传递蓄积，危胁人畜，影响生态系统。除草剂会使土壤含有毒性，破坏农田环境，使自然生态平衡遭到破坏。因此，需要人们谨慎选择、规范使用除草剂，科学种田。

知识链接>>>

除草剂一般分芽前除草剂、苗后除草剂、灭生性除草剂。芽前除草剂能够使杂草幼芽、幼根体内的蛋白质合成受阻，使其慢慢凋萎。苗后除草剂能使杂草生长过程受阻而死亡，作物不受影响。灭生性除草剂没有选择性除草作用，对所有作物、杂草都有毒性。

“水上恶鬼”水葫芦

1884年，美国新奥尔良市举行国际棉花博览会，客商云集，人们看到水域内漂浮着葫芦状的绿色植物，其上绽开的蓝紫色花，非常美丽，于是带回本国养殖。100多年后，这种植物遍布全球，成为暖地水域中最常见，也是最声名狼藉的植物，它就是被称为“水上恶鬼”的水葫芦。

水葫芦原产于南美洲，是一种水生漂浮植物，因它浮于水面生长，又叫水浮莲；又因其在根与叶之间有一像葫芦状的大气泡所以也称水葫芦。

水葫芦具有极强的无性繁殖本领，在生长过程中，身体不断裂成许多小块，每一块“断肢”都能迅速生长发育成完整的个体，据监测数据显示，一株水葫芦能以每8个月繁殖6万新株的速度生长。它们在风和水流的作用下，不断扩大着自己的领地。当人们还没明白是怎么回事时，水葫芦已经成灾。1895年，这种水生植物在佛罗里达的圣约翰斯河上产生了一块浮在水面上长达40公里的厚厚的“垫子”，严重阻碍了河流的运输。这种危害很快遍及美国南部，造成了巨大的经济损失。

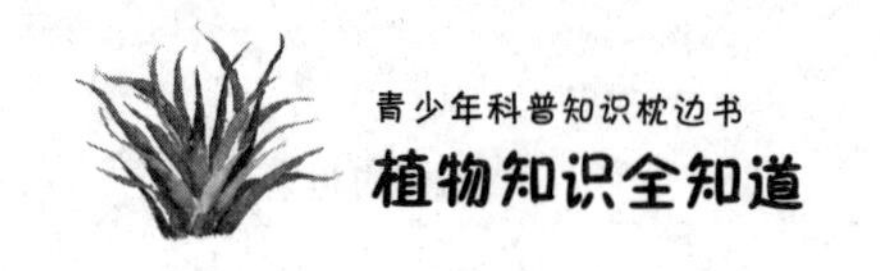

尽管水葫芦在美国南部水域已经露出了狰狞面目，却没有引起世界其他地区人们的重视，19世纪末和20世纪初，水葫芦又被相继引种到了亚洲和非洲。在阳光充足、温度适宜的条件下，水葫芦猛烈增殖，致使尼罗河流经苏丹和埃及的河道几乎完全堵塞，窒息了鱼类和其他水生生物，蚊蝇则大量滋生，疟疾、脑炎等疾病流行，航运严重受阻，灌溉也无法进行。当地居民恨透了这种霸占水域的外来强盗，称它为“水上恶鬼”。

可是，水葫芦就真的那么讨厌招人嫌，对人类有百害而无一利吗？不是的。随着科学的发展，人们已经对水葫芦有了全新的了解。

据美国核处理专家的研究，水葫芦膨大呈球形的叶柄是一个绝妙的净化装置，球形叶柄的纤维网能吸附核电厂排放的放射性废水，污水流经水葫芦的“过滤器”，放射性污染物的强度大幅度削减，因此，随着核电的广泛开发和利用，水葫芦将是最忠诚的伙伴。

水葫芦不仅能净化污水，它含有比萝卜、菠菜等传统蔬菜更高的蛋白质、脂肪和纤维，是优良的粗饲料。马来西亚等地的土著居民，常以水葫芦的嫩叶和花作为蔬菜食用，其味清香爽口，并有润肠通便的功效。

水葫芦还是一种很好的造纸原料，由于水葫芦的资源丰富，生长迅速，采收容易，价格低廉，用它造纸可以降低成本。英国于1978年提出一项国际性利用水葫芦的计划，并邀请印度、斯里兰卡、孟加拉和马来西亚等国参加，印度主动要求承担造纸的研究。据1996年5月报道，印度海得拉巴地区研究所，已用水葫芦的叶片生产出写字纸、广告纸和卡片纸。据调查，印度至少有400万公顷水面生产着水葫芦，以平均每公顷产50吨计，则为造纸工业提供了2亿吨造纸的原料，若这2亿吨原料用上一半，成品率按10%计算，则可生产1000万吨纸。

能源问题是当前世界六大危机之一，“绿色能源”的利用是解决能源危机的主攻方向，水葫芦宽大的绿叶，活像一个硕大的太阳灶。据测定，一公顷水面的水葫芦，每天能生产1.8吨干物质，通过微生物的厌氧发酵，能产生660立方米的沼气，相当于250公斤的原油。

水葫芦阻塞航道，破坏灌溉，引起水灾，迫使人们背井离乡的时代已

一去不复返了，一个开发、利用和研究这种南美野生水草——水葫芦的崭新时代已经来到了。

知识链接>>>

1901 年，水葫芦作为花卉引入我国，20 世纪 50 ～ 60 年代作为猪饲料在长江流域及其以南地区普遍推广。近年来，告别了粮食短缺的农民不再打捞水葫芦，同时工业化使江河湖泊水质恶化，富营养化程度提高，水葫芦因此迅速蔓延，泛滥成灾。所以，把水葫芦变废为宝也是我国科学家面临的课题之一。

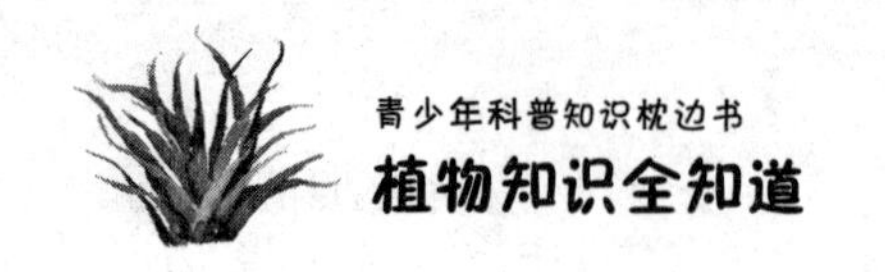

寄生植物菟丝子

在植物大家族中，大多数成员都是“安分守己”的生活着，可也有一些“不务正业”的分子，它们不自力更生，而是专门寄生或半寄生在其他植物上生活，这种植物便是寄生植物。在寄生植物中，有许多是恶性杂草，菟丝子就是其中最典型的代表之一。

菟丝子是一种攀缘性草本植物，它喜欢寄生在荨麻、大豆、棉花一类的农作物上。春天，菟丝子种子萌发钻出地面，形成一棵像“小白蛇”的幼苗。一旦碰上荨麻等寄主的茎后，马上将寄主紧紧缠住，然后顺着寄主茎干向上爬，并从茎中长出一个个小吸盘，伸入到寄主茎内，吮吸里面的养分。这样，它就和寄主长到一块了。不久，其根退化消失，叶子则退化成一些半透明的小鳞片，而主茎却迅速生长，一个劲儿地抽生出许多“小白蛇”似的新茎，密密缠住寄主。寄主渐渐凋萎夭折，成为菟丝子的牺牲品。而菟丝子却长出一串串花蕾，陆续开放出粉红色的小花，结出大量种子，撒落在地下。一株菟丝子，可以结出3万颗种子。翌年春天，它又会繁殖出新一代，继续

作恶，危害其他植物。

菟丝子的危害性不仅是它吸取植物养分，养肥自己，拖死别人，而且还传播传染病，把病害传染到植物上去。在绿色王国里，也有由于病毒引起的各种传染病。菟丝子吸吮有病植物的汁液，吸进病毒，而它自身却不受感染，然后又去攀附其他健康植物，病毒就会从健康植物的伤口侵入。菟丝子这种卑劣行为，使它成了遭人唾骂的“吸血鬼”。

对于农作物，菟丝子危害极大，但对有些病患来说，它却是一味良药。关于菟丝子的名称和药用还有一段传说。

从前，江南有个养兔成癖的财主，雇了一名长工为他养兔子，并规定，如果死一只兔子，要扣掉他四分之一的工钱。一天，长工不慎将一只兔子的脊骨打伤。他怕财主知道，便偷偷地把伤兔藏进了豆地。事后，他却意外地发现伤兔并没有死，并且伤也好了。为探个究竟，长工又故意将一只兔子打伤放入豆地，并细心观察，他看见伤兔经常啃一种缠在豆秸上的野生黄丝藤。长工大悟，原来是黄丝藤治好了兔子的伤。于是，他便用这种黄丝藤煎汤给有腰伤的爹喝，爹的腰伤也好了。又通过几个病人的试用，他断定黄丝藤可治腰伤病。不久，这位长工辞去了养兔的活计，当上了专治腰伤的医生。后来，他干脆把这药就叫“兔丝子”。由于它是草药，后人又在兔字头上面冠以草字头，便叫成“菟丝子”。

菟丝子不仅可治各种疮痛、肿毒，又能滋养身体、治黄疸，在中药界可是大大有名。

知识链接 >>>

寄生植物多种多样，它们除了像菟丝子一样寄生在其他植物的茎上外，还有少数是寄生在植物的根上，例如锁阳、肉苁蓉等。也有一些自己无法进行光合作用，只能寄生在其他的生物或者是死了的动植物体上，以吸取其中的养分来生活，例如菌类，这种寄生被称为腐物寄生。

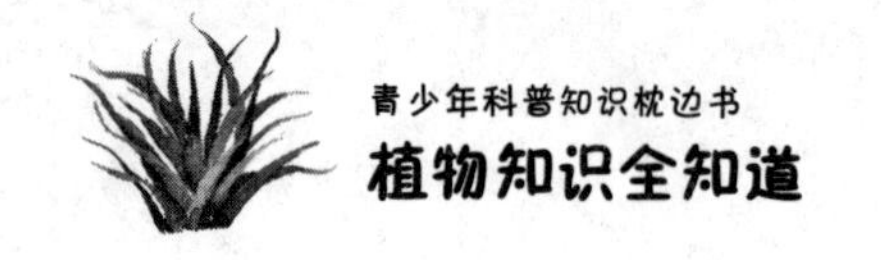

爱“吃”肉的猪笼草

动物取食植物，在人们看来已是再正常不过的事情了。要说植物能捕食动物，则会使不少人惊讶。那么，世界上真有能捕食人或动物的植物吗？答案是肯定的，能捕食动物的植物确实存在。猪笼草便是著名的“肉食植物”之一。

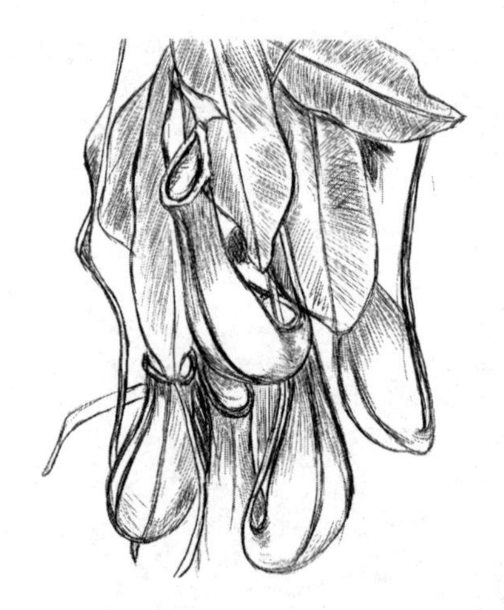

猪笼草是一种长绿半木质藤本小灌木，高约三米，叶子长得十分奇特，基部扁平是绿颜色，能进行光合作用，中部像细藤，能卷在其他植物体上，顶部则挂着一个个长长的小瓶子，上面还有个小盖子，瓶长约15厘米，下部稍膨大，呈鲜绿色或红色，并有明显的网状叶脉。因为外形很像南方运猪用的笼子，所以人们给它取了个名字叫“猪笼草”。

猪笼草像个带盖的小瓶子。瓶盖下面布满蜜腺，瓶口有点倾斜，边缘密生细锯齿，也分布着蜜腺，能分泌出又香又甜的蜜汁。壁内侧有蜡质，极为光滑，下部内壁上，有许多突出的灰褐色的消化腺，能分泌许多消化液。在风和日暖的大晴天，贪吃的昆虫都来采蜜，也许就在它们吃得畅快的时候，一失足就从瓶口滑了下去，一头栽到瓶底，被黏液粘住了，不管它们是多么擅长飞翔，此时只得任人宰割了。而且昆虫一进入瓶内，瓶口的盖头马上就关起来，再有多大本领也不可能爬出去。于是猪笼草就把它们消化吸收掉，饱饱地大吃一顿。如果我们把猪笼草的“小瓶子”摘下来仔细看，就可以发现里面埋藏了许多小昆虫，有的还在挣扎、有的刚刚死去、有的早已被消化了。猪笼草就是靠消化这些昆虫的汁液来生活的。

世界上的猪笼草约有70种，它们“家族”中的大多数成员都分布在马来西亚、印度东部、印度洋群岛、马达加斯加、斯里兰卡、印度尼西亚、澳大利亚以及我国的广东南部、海南岛、西双版纳等地。

由于各地生长的猪笼草种类不同，所以它们的长相也不一样。在亚洲南部的沼泽地里有一种奇特的猪笼草，它的捕虫袋是半透明的，酷似一个个大烛台矗立着；在马来群岛有一种猪笼草，它的叶片尖端形成细长的“蔓”，在“蔓”的末端膨大形成捕虫袋，袋的内壁上生有腺体，能够分泌出芳香气味很浓的透明液体来引诱昆虫入袋。更为奇特的是，有一种生长在2500米高处的猪笼草，它的捕虫袋竟长达30多厘米，可以盛放2～3公斤水，袋壁上还生有倒刺。它的胃口更大，不仅能捕捉昆虫，甚至还能捕食小鸟和小鼠等小动物。据说，1859年英国植物学家胡克曾描写过几种猪笼草，其中就有这种“大袋”猪笼草，并在它的捕虫袋中发现了小鸟的残骸。

猪笼草不但是很好的观赏植物，而且还有药用价值，具有清热利尿、消炎止咳的功效。现在许多国家的植物园都有人工栽培猪笼草，我国华南地区的植物园和北京植物园也有栽培。

知识链接 >>>

目前，全世界已知的食虫植物有500多种。大致可分为两大类：一类是高等食虫植物，一类是低等食虫植物。常见的高等食虫植物有猪笼草科、瓶子草科、茅膏菜科、狸藻科等；低等食虫植物有食虫真菌。

捕蝇草的“秘密武器”

大家知道，世界上有食虫植物，例如猪笼草、捕蝇草、狸藻、瓶子草等。实际上，这些食虫植物捕食昆虫的方式是不一样的。例如，猪笼草是设陷阱捕虫，是一种消极等待的被动方法；而捕蝇草则是采用积极主动的方法捕虫，因此最为惹人注意，也显得更加有趣。

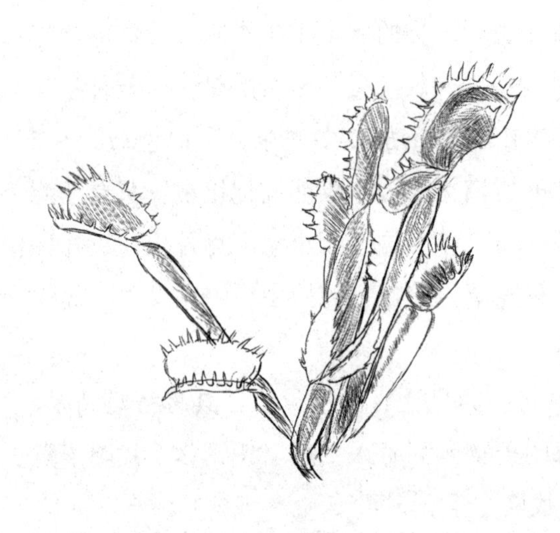

捕蝇草是一种多年生宿根植物，茎很短，叶轮生。它叶子的构造很奇特，在靠近茎的部分有羽状叶脉，呈绿色，可进行光合作用，但到了叶端就长成肉质的，并以中肋为界分为左右两半，呈月牙形，可像贝壳一样随意开合，这就是捕蝇草的“秘密武器”——捕虫夹。

捕蝇草的捕虫夹外缘排列着刺状的毛，乍看之下很锐利，会刺人，但其实这些毛很软。这些毛的功能是防止被捕的昆虫逃脱。当捕虫夹夹到昆虫时，这些夹子两端的毛正好交错，而成为一个牢笼，使昆虫无法逃走。捕虫夹内侧呈现红色，上面覆满了微小的红点，这些红点就是捕蝇草的消化腺体。在捕虫夹内侧可见到三对细毛，这细毛便是捕蝇草的感觉毛，用

来侦测昆虫是否走到适合捕捉的位置。

捕虫夹的闭合是一个精确的控制过程，此过程最初是在昆虫碰到位于夹子上的感觉毛时开始的。引起闭合的条件为一个捕虫器中，任意一根感觉毛被触碰到两次，或是分别触碰到两根感觉毛。触碰感觉毛的时间间隔对于闭合有决定性的影响：假如两次的触碰间隔在 20 ～ 30 秒内则能闭合，超过这段时间则需要有第三次成功的刺激才会闭合。捕虫器需要两次的刺激，为的是确认昆虫已经走到适当的位置。当捕虫器受到第一次的刺激时，此时昆虫只是稍微走入捕虫器；若捕虫器现在就闭起来，只会夹住昆虫的一部分，那么昆虫能够逃脱的机会便很大。当捕虫器受到第二次的刺激时，此时昆虫差不多也走到了捕虫器的里面，这时闭起的捕虫器便能将昆虫抓住，关在捕虫器之中。

捕虫的信号并非直接由感觉毛所提供。在感觉毛的基部有一个膨大的部分，里面含有一群感觉细胞。感觉毛的作用有如杠杆，昆虫推动了感觉毛，使得感觉毛压迫感觉细胞，感觉细胞便会发出一股微弱的电流，去通告捕虫器上所有的细胞。由于电流会四散向整个捕虫夹，所以引发闭合并不需要触碰同一根感觉毛，只要触动同一捕虫夹中任两根感觉毛，便能引发闭合运动。当然，感觉毛所发出的电流仅影响其所在的捕虫夹，不会干扰到同一植株上其他捕虫夹的运作。

在受到刺激之前，捕虫夹呈 60 度角张开着，当受到昆虫刺激时，捕虫夹以其叶脉为轴而闭合。捕虫夹的闭合与捕虫夹上的细胞膨胀有关。当捕虫夹上的细胞得到感觉细胞所发出的电流，其外侧的细胞便快速膨胀，使得捕虫器向内弯，因而闭合。

闭合的过程分为两个阶段。第一阶段，夹子快速关闭，以便捕到昆虫，此时捕虫夹只是夹住昆虫而已；第二阶段，捕虫夹向内收缩，以便捕虫夹的内侧能够尽量贴近昆虫，这时，捕虫器已经完全紧闭，不留一点缝隙。之后，夹子关闭数天到十数天，此时昆虫被分布于捕虫器上的腺体所分泌的消化液消化。昆虫被消化完后，捕虫器会再度打开，等待下一个猎物；剩下无法被消化掉的昆虫外壳，便被风雨带走。

闭合过程的第二阶段需要昆虫的挣扎才能进行，因为这样才代表捕虫器所捉到的确实是昆虫，是活的猎物。捕蝇草有时会误捉到枯枝、落叶，如果少了这项确认机制，就可能将消化液浪费在消化无法消化掉的杂物上。若捕虫器误捉到杂物，只要没有持续的刺激，在数小时之后便会重新打开捕虫器，等待下一个猎物。

捕蝇草的胃口很大，不仅能捕食苍蝇等一类昆虫，有时甚至还能捕食青蛙等一些小动物。捕蝇草原产在北美洲的森林沼泽地带，现在已被世界各地植物园和植物爱好者广泛栽培，以供观赏。

知识链接>>>

捕蝇草的吃虫特性是由它们的生长环境决定的。它们大多数都生长在经常遭受雨水冲洗的地方。在这些地方的土壤中，缺少矿物质等养料，捕蝇草为了获得营养，满足生存的需要，在经历了漫长的演化之后，叶子发生了奇特的变化，才成为一类能“吃”动物的植物，直接从动物身上获取营养。

“中药之王”人参

药用植物是祖国医药学伟大宝库中的重要组成部分。我国的药用植物极为丰富，已经发现并用于治病的有4000多种，有“世界药用植物宝库”之称。其中，人参被人们称为“神草”，被誉为“中药之王”。

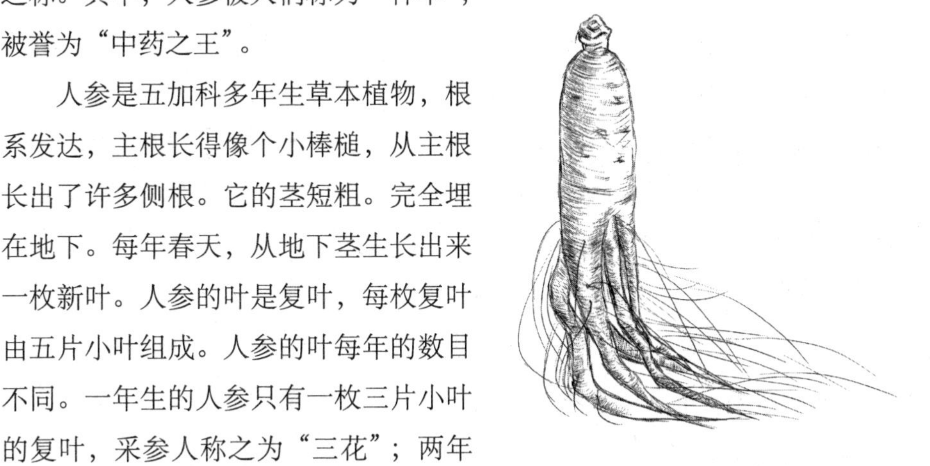

人参是五加科多年生草本植物，根系发达，主根长得像个小棒槌，从主根长出了许多侧根。它的茎短粗。完全埋在地下。每年春天，从地下茎生长出来一枚新叶。人参的叶是复叶，每枚复叶由五片小叶组成。人参的叶每年的数目不同。一年生的人参只有一枚三片小叶的复叶，采参人称之为“三花”；两年生的是一枚五片小叶的复叶，采参人称之为“巴掌”；三年生的是两枚五片小叶的复叶，采参人称之为“二甲子”，三年才开始开花结实。四年参有三枚复叶，叫“灯台子”，五年参有五枚复叶叫“五品子”，有时也有六枚复叶叫“六品叶”。生长六年以后叶数就不再增加了，就是上百年的参每年也只有五或六枚复叶。因此，生长期超过六年的人参就不能用叶的数目来确定年龄了，但是可以用主根茎上的鳞片数目来估计年龄。鳞片越多，人参的年龄越大。史书记载，人参寿命为400年左右，但在采收中，参龄达200

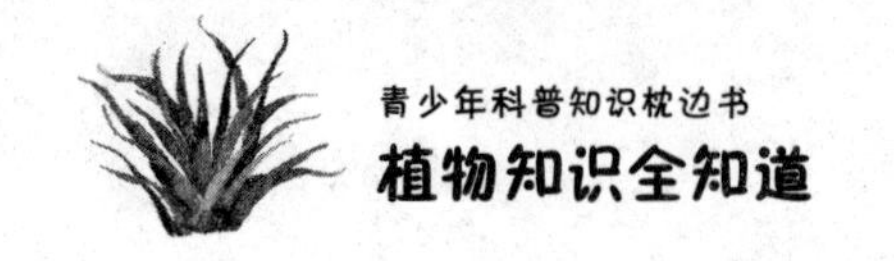

岁的就很罕见了。

在人参的各器官中，根和茎的样子很怪：主根肥大，像人的躯干。从主根上端的两边常常一边长出一条侧根，好似人的两条胳膊。主根下端有时分成两叉，好似人的两条腿。主根上端的茎好似一个人头。人参在中药中叫“芦头”，芦头上有许多脱落的叶基残痕，叫作鳞片。这些斑斑点点的鳞片，有时长得像人的眼睛、眉毛等，人参的名字就是这样来的。

人参很娇气，生活适应能力很差。它既怕冷，又怕晒，但又需要温暖的阳光，只能生长在温带寒冷气候的有阳光斜照的山坡上。此外，人参生长年限很长，一般要 20 ～ 30 年时间才能供药用，因此数量十分稀少。长期以来，由于过度采挖资源枯竭，赖以生存的森林生态环境遭到严重破坏，人参一度处于濒临绝灭的边缘。现在，作为我国八种一级保护植物之一，人参在长白山等自然保护区已开始进行保护，其他分布区也应加强保护，严禁采挖，使人参资源逐渐恢复。东北三省已广泛栽培，近来河北、山西、陕西、湖北、广西、四川、云南等省区均有引种。

人参自古以来就是一种著名的进补和治病的中草药，有调气养血、安神益智、生津止咳、滋补强身的神奇功效。那么，人参中究竟含有哪些有效成分呢？现已查明，人参的有效成分主要是人参皂苷。

20 世纪 70 年代，随着现代生物技术的发展，人们运用植物细胞培养技术来生产人参中的有效成分——人参皂苷。目前，人参细胞的培养产品，25 天内人参皂苷的含量可达到 3.5%～ 6%，而一棵栽培了 6 年之久的人参中人参皂苷的含量仅为 4.5%。

知识链接 >>>

人参与三七参、西洋参统称世界三大参，人参皂苷在人参中含量最高。人参中的有效成分除人参皂苷之外，还含有 15 种以上的氨基酸和大量的碳水化合物；人参还含有人参酸和挥发油，所以人参有一种特别的香气；人参中的维生素也十分丰富，另外还含有较多的磷、硫化合物和多种微量元素。

“东方麻醉剂”曼陀罗

读过《三国演义》的人，都知道“关羽刮骨疗毒”的故事。在与曹军作战时，关羽中了乌头毒箭，伤势严重，经华佗“刮骨疗毒”后很快痊愈。人们在赞赏关羽英雄气概和华佗医术高明时，很难想到一种叫曼陀罗的植物。但据后人考证，华佗施外科手术时，患者之所以不感到疼痛，主要仰仗他的麻醉秘方“麻沸散”，有了它的帮助，华佗可以为人施开腹手术。今天，科学研究表明，华佗“麻沸散”的主要成分就是曼陀罗。

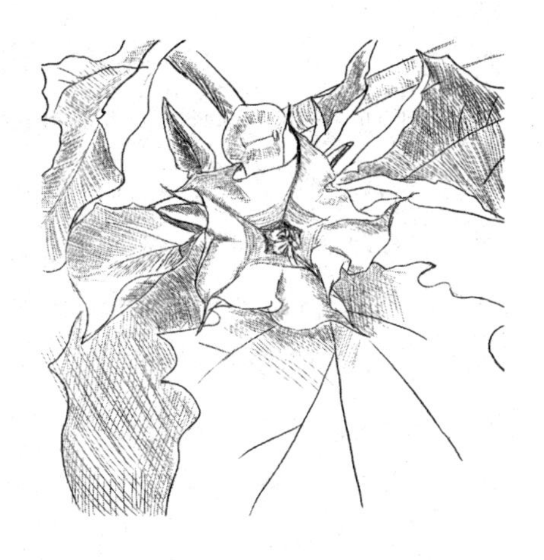

曼陀罗又叫洋金花、大喇叭花、山茄子等，是茄科曼陀罗属植物，原产地在印度。现在，曼陀罗分布极广，几乎世界上的温带和热带地区都有野生曼陀罗。在我国各地的山坡上、草丛中、道路旁，甚至农舍的房前屋后，都不难见到它的踪迹。它那长长的喇叭形白色或淡紫色花朵大而美，因此它作为观赏植物，经常出现在我国宋朝时期文人的笔记中。但曼陀罗有毒性，故文人在将各种植物拟人化时，戏称它为“恶客”。

曼陀罗被用作麻醉剂，不仅仅是在医学中。政府官员在西南一带镇压少数民族起义的时候，就曾使用过曼陀罗。仅在北宋，就发生过两起用曼陀罗麻醉法捉拿对手的事件。南宋周去非在广西做官时，第一次详细描述

曼陀罗花的形态和作用：广西曼陀罗，遍生原野。大叶白花，结实如茄子而遍生小刺。乃“人草”也。盗贼采，干而末之，以置人饮食，使之醉闷。盗贼用来麻人，然后拿起人家的箱子就走。

到了明代，李时珍对曼陀罗花的功效还曾做过试验。李时珍是我国古代著名的医学家，是重实践、重考察、重验证的实学派的代表人物。他在年轻的时候就听人说，有一种神奇的植物叫曼陀罗，人们一见到它就会情不自禁地又唱又跳。李时珍费了一些周折，终于找到了这种植物，一时并没有发现有什么异常。他为了探明究竟，也是为了改变人们的想法，走到哪里手里都拿着曼陀罗。后来他亲自服下了曼陀罗，发现它有麻醉和使人兴奋的作用。少量可以治病；过量，在别人的暗示下，的确可以叫你唱你就唱，叫你跳你就跳。此后，曼陀罗被广泛用于制造麻醉剂。到了清朝时期，曼陀罗已经成了麻醉药的首选药物了。

曼陀罗为什么有如此神奇的麻醉和致幻作用呢？现代药理研究发现，曼陀罗有麻醉作用是因其植株体内含有“东莨菪碱”的缘故，它是一种能够有效抑制中枢神经系统和解除支气管痉挛的抗胆碱药，医学工作者通过对其进行药理试验，终于研究出中药麻醉术，用从曼陀罗花中提取的生物碱与其他药物组合可作为全身麻醉用药。在麻醉中，患者的呼吸与血压能够保持平稳，肝肾功能也无明显影响，而且操作简便，特别适合于手术麻醉，麻醉时间可根据情况维持 3 ～ 10 个小时，改变了人们以往“现代麻醉术只能依靠西药”的观念。所以，曼陀罗又被称为“东方麻醉剂”。1970 年，中国医学家成功地采用中药洋金花等合成麻醉剂，使 1000 多年前的“麻沸散”重放光芒，受到了中外医学家的好评。

知识链接 >>>

曼陀罗花不仅可用于麻醉，而且还可用于治疗疾病。其叶、花、子均可入药，味辛性温，有大毒。花能去风湿，止喘定痛，可治惊痫和寒哮，煎汤洗治诸风顽痹及寒湿脚气。花瓣的镇痛作用尤佳，可治神经痛等。叶和子可用于止咳镇痛。

刘寄奴草

植物种类繁多，命名也五花八门。有用颜色差异来命名的，如白皮松、绿豆。有用味道取名的，如甜菜、苦瓜。有的植物是用数字取名的，如一叶兰、五色梅等。有些植物的名字寓有民间传说，如虞美人等。还有些植物名称则是有纪念意义的，刘寄奴草就是为纪念发现这种植物药用价值的刘裕（小名寄奴）而得名的。

刘寄奴是东晋时人，他的大名叫刘裕。刘裕出身于一个没落的官僚家庭，虽然家境贫寒，但他喜好舞刀弄枪，练得一身好武艺。为了生计，年轻气盛的刘裕应征入伍，加入了东晋王朝驻扎在长江流域的北府军。

传说刘裕所在的部队驻地附近有一大片芦苇丛，里边藏着一条巨蟒，它常常在黄昏时袭击士兵，弄得军营里人心惶惶。北府军的主帅谢玄闻知此事，贴出悬赏告示，凡剿杀巨蟒者，以一等军功论赏。刘裕看见了告示，心想，这可是个难得的机会，与其在军队里默默无闻，还不如放手一搏，拼了性命也值了。于是，刘裕独自一人揭下告示，自告奋勇地去围剿巨蟒。

三天后的一个黄昏，刘裕在芦苇丛深处开出了一块空地，把一只烤成金黄色的肥羊摆在地上，再把五坛陈酿美酒一字排开，揭开酒盖，那诱人

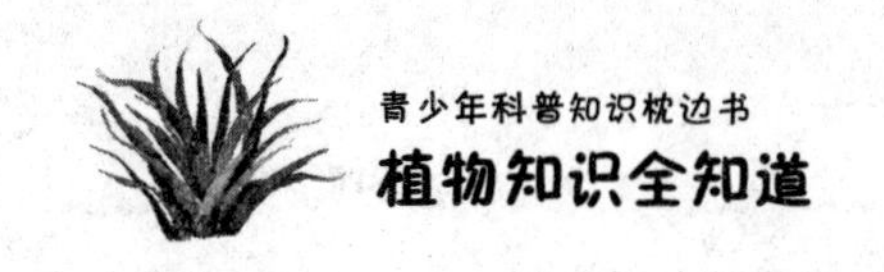

的肉香与醉人的酒香缠绕在一起，随着轻轻拂过的江风在芦苇荡里弥漫开来。刘裕则潜伏在浅水处，一只手握着一张劲弓，另一只手搭着一支锋利的箭，静静地等着猎物上钩。突然，空地东边的芦苇丛中出现芦苇被拨动而发出的唰唰声。刘裕心里暗暗一沉，有东西过来了。刘裕马上拉弓搭箭，两眼死盯着空地。令他没有想到的是，从芦苇丛中钻出的竟然是一个富家公子打扮的青年男子。那人看着空地里丰厚的供品，面无表情，眼光扫着四周。刘裕看见是个人，正想上去告诉那人，要他马上离开。但转眼一想，这方圆百里除了兵营荒无人烟，哪来的富家公子。再说，一个富家公子跑到这芦苇丛深处来干什么？刘裕不明白其中的蹊跷，放弃了出去的念头，一动不动，箭直指那富家公子。那人探下身子，闻了闻那肥嫩的羊肉，又用手蘸了一点酒放在口里，犹豫了一会儿，便放开手脚大吃起来。刘裕看见那人撕下一点羊肉细嚼慢咽，像个斯文人的样子，然后，抓起一坛酒往嘴里倒，有绿林好汉的爽快。刘裕感觉到眼里进了沙子，揉了一会儿，再细眼看那人，那人竟拿起整只烤羊往嘴里放，刘裕不相信，怀疑自己眼花了，再揉了揉眼，那根本不是张人嘴，那嘴像巨蟒的嘴一样大得出奇，整只羊放到嘴里，立刻咽了下去。刘裕被眼前的一切吓呆了，好一会儿回过神来，见一条水桶粗的青色巨蟒躺在空地上，两眼如铜铃一般在刚刚降下的夜幕里发着绿光。那酒被刘裕放了蒙汗药，现在药性发作了，那巨蟒躺在空地酣睡。刘裕感觉血管里的血液在沸腾，拉满了弓，搭上毒箭，瞄准巨蟒那双在黑夜里很明显的双眼。“嗖”的一声箭离了弦，一瞬间扎进巨蟒的眼睛。巨蟒被突来的疼痛惊醒，也发现了躲在旁边的刘裕。硕大的蛇尾高高扬起，风一般扫过芦苇丛，无数芦苇碎屑突然变成了飞刀，飞向刘裕。刘裕虽说身手敏捷，左闪右躲，但仍然身中数刀，剧痛难忍，昏死过去。那巨蟒身受重伤，无心恋战，也迅速离去。

当刘裕醒来，已是第二天清晨。他从身上撕下一块布，包扎了伤口，沿着巨蟒留下的痕迹，一路追踪了十余里，这时，前面传来孩童嬉笑的声音。刘裕甚是奇怪，走上前去竟是五个青衣孩童，正在采摘一种不知名的野草，并用石臼捣烂。刘裕提着弓，问:“你们这帮无知幼童在这里干什么，

难道不知道这里有吃人的巨蟒出没?”几个孩童仍旧嬉笑着说:“我们家主人被人用箭射伤眼睛，特遣我们来此采药。”刘裕心里一惊，难道天下有如此巧合的事?这些孩童听自己提及巨蟒竟丝毫不变脸色，还有个刚被射伤眼睛的主人，其中必有蹊跷。刘裕假装离去，躲藏在周围监视着这些孩童。这些孩童采完药，便悄悄离去。刘裕一路紧随其后，这些孩童进了一座已经废弃多年的破庙里，便不见踪影。刘裕扔掉弓箭，拿出腰间匕首，进了破庙。庙里除了几座坍塌的泥塑菩萨，不见他物。刘裕仔细搜寻着，在菩萨像的底座背后竟有一个洞口，洞口处有些粗大的蜕下的蛇皮，还有暗黑的血迹。刘裕断定这是巨蟒的老窝。于是，刘裕搬来数十捆易燃的芦苇，点燃，扔到洞口处。不一会儿，破庙就淹没在了熊熊烈火中。

突然间，一条巨蟒从烈焰中腾空飞起，一时火花四溅。那巨蟒落在地上，化成昨晚那个青衣男子，左眼缠着被血浸红了的白绸布。那男子右目瞪着刘裕，说:“我跟你有何冤仇，你为何屡屡加害于我?伤了我不算，还放火毁我家。”刘裕捏紧了手中的匕首，同样怒目相向，说:“你弑人性命，天理难容。”那男子恶狠狠地说:“你要赶尽杀绝，就别怪我心狠了。”说罢，变回原形，高高地扬起头，嘴猛然张开，一股烈焰直奔刘裕而来。刘裕一个鹞子翻身，避开了这道火焰，却结结实实地摔在地上，伤口受冲击的疼痛让刘裕躺在地面，动弹不得。那火虽没烧着刘裕，却引燃了芦苇丛，火焰借助风势顿时让芦苇丛成了一片火海。在这千钧一发之际，晴空万里的天空不知从哪里飘来的一朵乌云，一道闪电如利剑般从乌云里射出，正劈在巨蟒头上，巨蟒轰然倒下。随后，一阵倾盆大雨把芦苇丛的大火浇灭了。刘裕捂着伤口，一点一点爬到巨蟒身边，一刀结果了巨蟒的性命。

刘裕割下蛇头，低下头看看自己的伤口，血不停往外流，已经很严重了，再不处理怕是回不到军营领赏了。刘裕想到了先前几个青衣孩童的话，挣扎着走到已成灰烬的破庙，找到洞口钻了进去，只见里面躺着几条被熏死的青蛇，旁边的石臼里盛着他们已经捣烂了的草药。刘裕把草药敷在伤口上，躺着休息了几个时辰，伤口竟感觉好了很多。刘裕想到自己以后戎马生涯，难免受伤，碰到这么好的金疮药，不如多采一点。于是，刘裕采

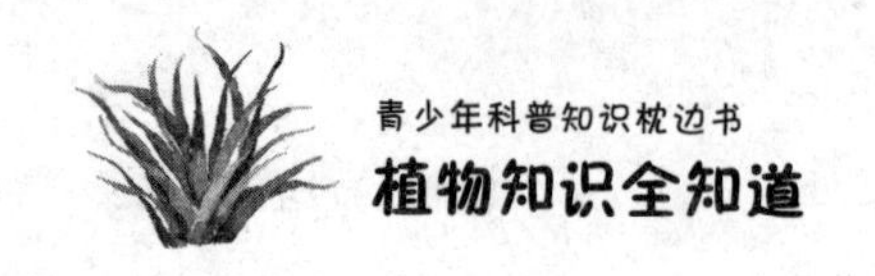

完药，带着巨蟒的头回到军营。整个军营都炸开了锅，四处都流传着刘裕杀巨蟒的奇事。主帅谢玄对刘裕刮目相看，不仅兑现了承诺，还破格提拔刘裕成了军官。

刘裕有了自己的军队后，便把当年杀死巨蟒发现的草药公开出来，让部下使用。这草药从部队传到民间，民间把刘裕的小名刘寄奴用来给草药命名，从此刘寄奴草在全国流传开来。后来，刘裕把持了东晋的军权，自己坐上了皇帝的位置，成了南北朝时期宋王朝的开国皇帝。

刘寄奴草至今仍是中药处方名，按照现在植物药的鉴别，刘寄奴草就是菊科艾属的多年生草本植物——奇蒿。它以带花全草入药，不但有活血祛瘀的功效，还有消食作用，故又有“六月霜”“化食丹”的别名。

知识链接 >>>

我们平常所说的植物名称大都是汉语名称。在国际上，为了各国科学家交流方便，国际植物学会议规定，各种植物的名称必须用拉丁语或拉丁化了的词进行命名，每个植物的学名均采用双名法：学名＝属名＋种名。

金银花的用途

每当夏秋季来临，我国南北诸省的山区、丘陵，都生长着一种蔓藤爬攀植物，开黄白两色的鲜花，清香扑鼻，这就是金银花。

金银花又名银花、双花、忍冬，是一种缠绕性的木本植物，以花蕾和藤入药，有清热解毒的作用。它的花都是两朵两朵生长在叶腋处的，所以有人称它为双花，这些花在它们还是花蕾时或刚开始开放时是白色的，而过了2～3天，花的颜色便由白变成金黄色，整株植株上又有白花，又有黄花，所以被叫作金银花。

关于金银花名称的由来还有一个传说：诸葛亮在七擒孟获的过程中，大部分将士水土不服，中了山岚瘴气。后经一小村寨，见村民面黄肌瘦，诸葛亮顿起恻隐之心，发放军粮施救。村民们十分感谢，一土著白发老人得知许多蜀兵患了“热毒病”时，便叫来自己的一对孪生孙女儿：“金花、银花，你们去采几筐仙药来为蜀军解难。”然而三天后，姐妹俩仍未归来。人们多方寻找，在一处山崖，只见两只药筐中已采满了草药，筐边有野狼的足迹和被撕碎的衣服……蜀军将士吃了草药得救了，而金花、银花却为此献出了生命，为了纪念她们，人们就把这种草药开的花叫作金银花。

早在2000多年前，我们祖先就认识了金银花的药用价值。秦汉时期的中药学专著《神农本草经》中就把金银花列为上品。相传，被唐太宗封为“药王”的孙思邈，起初竟不认识金银花。一天，他在乡村看见姐妹俩正在晒药材，想找口茶喝，姐姐用从后山采回金灿灿的花朵泡了一碗“金花茶”；妹妹采回银灿灿的花朵沏了一杯“银花茶”。孙思邈喝了一口金花茶，又饮了一口银花茶，只觉味甘鲜美清淡，有止渴清热之功，非常高兴地说：“这两种花可以入药！”姐妹俩笑得合不拢嘴，告知孙思邈：“这本是一种花，花初开为白色，盛开时为黄色，名叫金银花。”孙思邈恍然大悟。他以金银花为主，佐以甘草、生地、桔梗配出了甘鲜汤方剂。

宋代张邦基的《墨庄漫录》中也记载着关于金银花的一则小故事：崇宁年间，平江府天平山白云寺有几位和尚，在山洞采了一些蕈子，煮熟了吃，到了半夜，几个和尚都呕吐不止，其中三人急忙寻来“鸳鸯草”生吃下去，结果平安无事；另外两位不肯吃“鸳鸯草”的，最后因呕吐不止而丧生。这“鸳鸯草”便是金银花。

现代医学研究发现，金银花的藤、叶、花均可入药，对多种致病菌、病毒有抑制作用，可谓中药里的广谱抗生素，被冠清热解毒之首。含有金银花的药方、药膳方特别常见，据调查，全国有三分之一的中医方剂会用到金银花。人们熟知的“银翘解毒丸”“银黄口服液”，都以金银花为主。日常生活中，人们还经常以金银花泡水代茶来治疗咽喉肿痛和预防上呼吸道感染。

随着人们食物结构的改变和生活水平的提高，金银花的用途也越来越广，开始由药品向食品、饮料和日用化工方面发展，金银花露、忍冬花牙膏等相继问世。这些产品除供应国内，还远销国外。

知识链接 >>>

金银花的枝条，叶子和花都成双对生，连花瓣也是两片对生，因此有鸳鸯花之美称，人们常用金银花装饰婚礼，象征着爱情的纯洁、坚贞。向恋人赠送金银花，表示真诚的爱；结婚纪念日夫妻互赠金银花，表示感情甜蜜，恩爱延绵不断。

“蜇人”的荨麻

众以周知，在动物中，蝎子、马蜂、蜜蜂等会蜇人，一旦被它们蜇了，就会红肿，疼痛难忍。其实，有些植物也会蜇人，被称为“咬人草”的荨麻就是这样一种会蜇人的植物。

荨麻是一种多年生野生草本植物。春发冬谢，秋果累累。一般株高 50 ～ 150 厘米，茎直立，全株淡绿色，单一或有少数分枝，有四棱，全株密生刺毛，当人和动物不小心碰触到它时，刺毛扎进皮肤里，就像和蝎子、马蜂蜇了一样疼痛，并出现斑状红肿，一般要数小时甚至数天才能消肿。如果中了荨麻的毒，会有上吐下泻的症状，像得了盲肠炎一般。

荨麻何以会如此厉害呢？植物学家对此进行了研究，并弄清了它们蜇人的“武器”——刺毛的构造。刺毛主要生于叶片的背面，它是由表皮细胞延长而形成的退化了的腺毛。刺毛由两部分组成，前端是单细胞毛管；基部是多细胞的毛枕。毛枕是制造和分泌毒液的器官，它所分泌出的毒液成分比较复杂，含有蚁酸、醋酸、酪酸、含氮的酸性物质和特殊的酶等。毛管里藏有毛枕所分泌出的毒液，它的基部坚硬，上部矽质化了，很脆而极易折断；管端为刺状或膨大成球形，称

为刺尖，很坚硬。这样就形成了一根前尖硬、中间易折断、后端牢固的“长针”。当人和动物触及毛刺时，刺尖便刺进皮肉里，尖头被折断，随之毛管里的毒液便注入人或动物体内，又痛又痒。

由于荨麻会蜇人，所以许多人对它望而生畏，没有好感，因而对它的价值也就了解甚少了。国内外的科研成果证实，荨麻是很有经济价值的野生植物和农作物。

荨麻的茎皮纤维韧性好，拉力强，光泽好，易染色，可作纺织原料，或制麻绳、编织地毯等。荨麻的茎和叶，含有丰富的蛋白质、多种维生素、胡萝卜素及各种微量的磷、镁、铁、锌、锰、硅、硫、钙、钠、钴、铜和钛等元素。其营养价值不亚于苜蓿、三叶草和豆类等饲料作物，对于牲畜发育具有重要作用，是优质饲料。

荨麻还可食用。荨麻种子的蛋白质和脂肪含量接近大麻、向日葵和亚麻等油料作物。荨麻籽榨的油，味道独特，有强身健体的功能。俄罗斯等国十分重视对荨麻的研究和利用，已取得很大成绩。除已用于纺织、榨油、饲料、药物外，还用荨麻的茎叶烹制加工各种各样的菜肴。有凉拌、汤菜、烤菜、荨麻汁、饮料和调料等。

荨麻还可以入药，具有祛风定惊、消食通便之功效。主治风湿性关节炎、产后抽风、小儿惊风、小儿麻痹后遗症、高血压、消化不良、大便不通；把荨麻捣碎外敷，可治荨麻疹初起、蛇咬伤等，相当有效。因此，农牧民把它视为珍宝。

知识链接 >>>

荨麻科植物共有45属，700余种，其中会蜇人的荨麻共有5属30多种，几乎分布于我国全国各地。我国南方常见的有荨麻、大蝎子草；北方有狭叶荨麻、焮麻、蝎子草。宽叶荨麻、珠芽艾麻等南北方都有分布。

提神醒脑的咖啡

当今市场上各种饮料琳琅满目，但最主要的日常饮料是产在亚洲的茶、南美洲的可可和非洲的咖啡。在这三种世界著名的饮料中，咖啡的年销量达350多万吨，是可可、茶叶的3倍，居世界三大饮料之者。

咖啡是一种原产于热带非洲的茜草科常绿灌木和小乔木。野生的咖啡树可以长到5～10米高，但庄园里种植的咖啡树，为了增加结果量和便于采收，多被剪到2米以下的高度。每年收获季节，咖啡树枝条上挂满了一串串红色的咖啡浆果，果实内含有两粒种子，这就是人们常说的咖啡豆。将种子洗净后，经过焙炒，再进一步研碎，就可成为饮用的咖啡粉了。

咖啡的英语名字是由阿拉伯语“卡法”音译而来的。卡法是非洲埃塞俄比亚南部的省份，一般认为这里就是咖啡的故乡。早在4000多年前，居住在埃塞俄比亚西南部高原的阿高族人，就已经种植和利用咖啡了。长期以来，在当地一直流传着这样一个故事：一天，一个牧羊人把羊群赶到一个陌生的地方放牧。在一个小山岗上，羊吃了一种小树上的小红果，傍晚

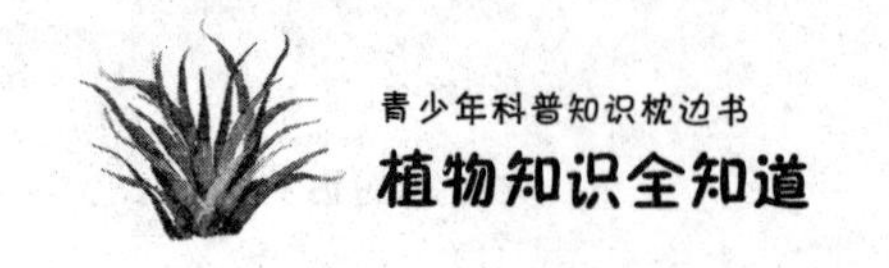

归来后，羊在围栏中一反常态，不像平日那样安详温顺，驯服平静，而是兴奋不已，躁动不安，厮打鸣叫，甚至是通宵达旦地欢腾跳跃，主人原以为羊是吃了什么草中毒了，几次起床打起灯火细看，但却见羊群精神抖擞，活蹦乱跳，不像中毒疼痛的样子。第二天早上，牧羊人准备把羊群赶到另一个地方放牧。打开围栏后，羊群拼命地往长有小红果的山上跑，牧羊人怎么鞭打阻拦都无济于事。牧羊人精疲力竭了，只好尾随羊群来到小山岗上。牧羊人见每只羊都争抢着去吃小红果，感到十分奇怪，于是就采摘了一些小红果咀嚼品尝，发现这种小红果甜中带有一些苦味。放牧归来，牧羊人感到精神无比兴奋，一夜难以入眠，甚至想跟随羊群手舞足蹈地跳起来。小红果的神奇作用很快传开了，埃塞俄比亚的牧羊人四处采摘小红果咀嚼，并拿到市场上出售。后来，这种小红果就发展成了当今世界最走红的咖啡饮料。

卡法地区的咖啡很早以前便通过商队运往中东一带。13 世纪，阿拉伯人已饮用咖啡了，当时咖啡被引种于也门山区，大约在 16 世纪中东一带已广泛种植咖啡。17 世纪，咖啡的种植也相继传入东南亚、拉丁美洲和非洲其他地区。印度尼西亚的爪哇是东南亚最早种植咖啡的地区，同时咖啡也从爪哇进入南美洲，于 18 世纪再从巴西进入哥伦比亚，至 19 世纪初，爪哇代替也门成为当时世界上咖啡的主要供应地。如今，巴西已成为世界上最大的咖啡生产国，年产量约占世界的 1/3，而哥伦比亚则占了第二位。

咖啡中含有蛋白质、脂肪、粗纤维、蔗糖、咖啡因等多种成分，对人有提神醒脑、利尿强心、帮助消化、促进新陈代谢等作用。据研究，长期适量饮用，有恢复青春的功能，对儿童多动综合征也有较好的疗效。因此，它是既适于家庭又适于餐厅饮用的理想饮料，在国内越来越受人们的欢迎。但值得注意的是：饮咖啡过量，对人体却是有害的。因为咖啡中的主要成分是咖啡因，一杯咖啡含有 100 ～ 150 毫克咖啡因。咖啡因虽可以提神，但 10 克咖啡因也足以使一个成年人丧命。所以短时间内饮大量咖啡，会使人有中毒的危险。长期饮用咖啡，会使人体对咖啡因产生依赖性，一旦停喝，就会使大脑高度抑制，出现血压降低、剧烈头痛等症状；有的甚至表现为精神异常，出现喜怒无常、骚动、忧郁、淡漠等症状。无节制地喝咖啡，还会带来一些其他副作用，如咖啡因可使血清胆固醇值增高，常喝咖啡的人患冠心病的比例比不饮咖啡的人要高出 1 倍；每天喝咖啡的孕妇，生下的婴儿其肌肉张力较低，肢体活动能力较差，饮酒后再喝咖啡，会加重酒精对人体的损害；边饮咖啡边抽烟，会造成大脑过度兴奋等。总之，适量饮用咖啡，对人体有益；不加控制地滥饮，则对人体有害。

知识链接 >>>

咖啡树喜温暖、湿润的气候，只适合生长在年均温在 18 ～ 22℃的热带或亚热带。大多数种植在低纬度的海拔约 200 ～ 2200 米的略有起伏的山地。我国引种的咖啡主要栽培于云南、广东、广西、海南、台湾和福建等省区。

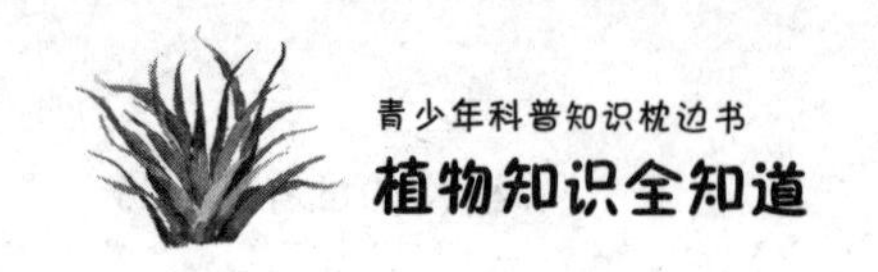

闻名世界的中国茶

茶叶、咖啡、可可是著名的世界三大饮料，正像咖啡是“西方饮料的上帝”一样，茶被称为“东方饮料的皇帝”。

茶是山茶科植物茶的芽叶。我国是世界上最早发现和利用茶叶的国家，远古时便有“神农尝百草，日遇七十二毒，得茶而解之”的传说，可见当时茶叶在医疗上的贡献是很大的。此后人们逐渐认识到了茶叶的饮用价值。公元前的《尔雅》一书中已有茶的记载。

公元前 1 世纪的西汉时期，我国已将茶作为饮料，并栽培茶树。三国时期，在江南一带饮茶已成为一种习惯。魏晋南北朝时，植茶技术和饮茶之风已遍及长江中下游，同时也逐步发展到沿海各省及西北地区。公元 8 世纪的唐代中叶，饮茶习惯盛行全国，并出现了专门的茶馆。陆羽著的《茶经》，这是世界上第一部关于茶叶生产的科学著作，它将唐以前的种茶经验系统地加以总结，论述了茶的起源、种类、特性、制法、烹煎、茶具、水的品第、饮茶风俗、名茶产地以及有关茶叶的典故和用茶的药方等。

唐代以后，茶叶在西北地区游牧的少数民族的经济生活中逐步占据了

相当大的位置。牧民一般以肉食为主，茶叶几乎是他们唯一的食用植物，因此对茶叶的需求量很大，有“宁可三日无粮，不可一日无茶”的谚语。至宋朝，茶树栽培已经很广。到元朝时，饮茶已经司空见惯，元曲《玉壶春》中这样唱道：“早晨起来七件事，柴米油盐酱醋茶。”

由于一直采取限制性贸易，饮茶在很长一段时间里，仅限于我国及周边一些国家。茶的全球传播，得益于阿拉伯人的中介作用。大约公元850年时，阿拉伯人通过丝绸之路获得了中国的茶叶。1559年，他们把茶叶经由威尼斯带到了欧洲。在当时的欧洲，饮茶属于贵族生活的一部分，由于价格高昂，只有很少人能喝得起茶。到17世纪初，独具慧眼的英国东印度公司看准了茶叶贸易的商机，花了几十年时间，最终取得了与中国人从事茶叶贸易的特许经营权。17世纪以来，随着海运的发展，我国的茶叶销往了世界各地，19世纪下半叶，我国的茶叶生产和贸易进入了全盛时期。据历史资料记载，1866年我国的茶叶出口量达260万担，占当时世界茶叶贸易的80%以上。20世纪初，由于南亚、东非等地茶叶产量剧增，我国失去了“世界茶王”的宝座。

我国不但是世界上发现茶树和应用茶叶最早的国家，同时也是世界上茶树品种最丰富的国家。现在世界上发现的茶树共有约30属，500种，我国有其中的14属，397种。大凡山峦重叠、翠岗起伏、佳木葱郁、云海飘浮的名山大岳，差不多都出产名茶，如黄山毛峰、武夷岩茶、庐山云雾、君山银针、天台华顶、天目毛峰等，都被列为茶中上品，畅销国内外。

为什么高山上生长的茶叶品质特别好呢？这与高山上的空气、温度、光照、土壤等自然环境有关。首先我们知道，山越高，空气就越稀薄，气压也就越低。茶树在这种特定环境里生活，芽叶的蒸腾作用就相应地加快了，为了减少芽叶的蒸腾，芽叶本身不得不形成一种抵抗素，来抑制水分的过分蒸腾，从而形成了茶叶的宝贵成分芳香油。同时，高山上一年四季时常云雾弥漫，使茶树受直射光时间短，漫射光时间多，光照较弱，这正好适合茶树的耐阴习性。另外高山雾日天气多，空气湿度相对较大，这样长波光被云雾挡了回去，而短波光透射力强，却可以透过云层照射到植物

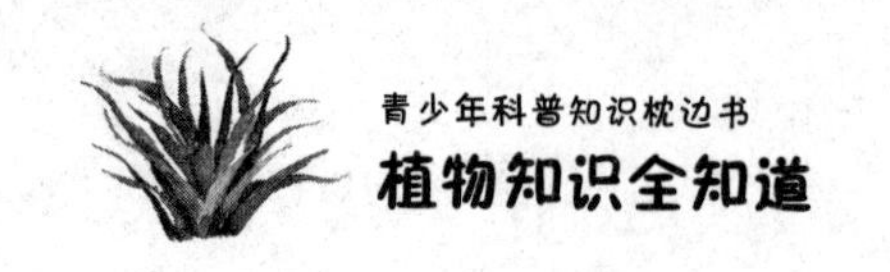

上。茶树受这种短波光的照射，极有利于茶叶芳香物质的合成。所以，种植在高山上的茶叶香气就比较浓。其次，高山地区昼夜温差大，温度低，对茶叶生长也是一个有利条件。气温低，茶叶生长速度缓慢，这样就有利于茶叶内的成分，如单宁酸、糖类和芳香油等物质的积累和储存。再有一点是，高山栽茶的地方大部分为沙质土壤，土层深厚但通气良好，酸碱度适宜，加上树木葱郁，落叶多，土壤肥沃，有机质丰富。这也是适宜茶树生长和茶叶质地优良的一个因素。另外，高山大岳中，环境很少受到人为的污染。没受污染的茶叶，质量自然是上乘的，也理所当然地会得到人们的青睐。

众所周知，饮茶有许多益处，但饮茶为什么会有许多好处呢？原来，茶叶中所含的有机化学成分竟达 450 多种，无机矿物元素达 40 多种。在这些对人体有益的物质中，单宁酸能起止渴、解油腻、消毒、杀菌、止泻、抗衰老和抗御原子能辐射的作用。茶叶中的咖啡碱，能使大脑兴奋，心跳加快，血流加快，消化液增多，肾的滤尿功能提高。这就是饮茶能提神、助消化、解疲劳和利尿的缘故。茶叶中的儿茶酸，有增强血管柔韧性、弹性和渗透能力的作用，所以能预防血管硬化。儿茶酸还有增强人体对低气压的适应能力，防止因气压太低而出现气促不舒服的感觉。国外医学认为饮茶有降低血中胆固醇、防止肝中脂肪积累及预防动脉硬化和高血压的作用。茶叶中的硅酸，可以促使结核部位形成瘢痕，防止结核菌的扩散；还可使白细胞增多，增强人体抗病能力。茶叶中的胡萝卜素，可视为眼疾患者的良药，加上饮茶能抵御放射物质对人体的危害，因此，看电视常饮茶有益无害。茶叶中的微量氟化物，有防蛀牙、祛口干口臭、排除污浊、抗菌消炎的作用。

茶虽然被视为是治疗疾病的良药，但有些病人是不宜喝茶的，特别是浓茶。因为浓茶中的咖啡因能使人兴奋、失眠、代谢率增高，不利于休息；还可使高血压、冠心病、肾病等患者心跳加快，甚至心律失常，尿频，加重心肾负担。此外，咖啡因还能刺激胃肠分泌，不利于溃疡病的愈合。

知识链接 >>>

茶按色泽或制作工艺分类可分为：绿茶、黄茶、白茶、青茶、红茶、黑茶。绿茶为不发酵的茶；黄茶为微发酵的茶，发酵度为10%～20%；白茶为轻度发酵的茶，发酵度为20%～30%；青茶为半发酵的茶，发酵度为30%～60%；红茶是全发酵的茶，发酵度为80%～90%；黑茶为后发酵的茶，发酵度为100%。

可可与“神仙饮料”

如今很多人都喜欢吃巧克力糖，吃下后芳香可口，提神醒脑，对胃肠也没有副作用。有些胃肠功能弱的老年人和小孩子，吃水果糖等不大适应，但吃巧克力糖却很好。这是为什么呢？因为巧克力糖主要是用可可制成的。可可营养丰富，味醇且香，具有兴奋和滋补的作用。

可可是梧桐科的一种常绿、喜荫、树姿美丽的小树，它的果实不像其他植物那样长在枝条的顶端，而是结在粗壮的树干上，这种奇特的现象是树木的原始性和古老性的一种体现。当可可树白色细弱的小花开过以后，就结出了体形颇大、长圆形的核果。核果上有数条纵沟，内含 30 ～ 50 个犹如蚕豆大小的种子。当果实成熟以后，可取出种子。经过数日的发酵后，种子内部变成红棕色，并产生出浓郁的香味，然后经晒干或烘干至 6% ～ 7%的含水量时，进行碾压，直至榨出可可脂，形成糊状的巧克力浆，这就是制造巧克力的原料，而榨出的含可可脂的可可饼粉碎后即为可可粉。

可可原产于中、南美洲的热带雨林中，生长在海拔 30 ～ 300 米、年均温 18.3 ～ 32℃、年降雨量不少于 1000 毫米的地区。早在 3000 多年前已由人工栽培，印第安人十分喜爱可可树，他们知道如何采集野生的可可，把种仁捣碎，做成一种叫作“苦水”的饮料。

1519 年，以西班牙著名探险家科尔特斯为首的探险队进入墨西哥腹地。旅途艰辛，队伍历经千辛万苦，到达了一个高原。队员们筋疲力尽，一个个横七竖八地躺在地上，不想动弹。科尔特斯很着急，前方的路还很长呢，队员们都累成这样了，这可怎么办呢？正在这时，从山下走来一队印第安人。友善的印第安人见科尔特斯他们一个个无精打采，立刻打开行囊，从中取出几粒可可豆，将其碾成粉末状，然后加水煮沸，之后又在沸腾的可可水中放入树汁和胡椒粉。顿时一股浓郁的芳香在空中弥漫开来。

印第安人把那黑乎乎的水端给科尔特斯他们。科尔特斯尝了一口，“哎呀，又苦又辣，真难喝！”但是，考虑到要尊重印第安人的礼节，科尔特斯和队员们还是勉强喝了两口。没想到，才过了一会儿工夫，探险队员们好像被施了魔法一样，体力得到了恢复！惊讶万分的科尔特斯连忙向印第安人打听可可水的配方，印第安人将配方如实相告，并得意地说：“这可是神仙饮料啊！”

1528 年，科尔特斯回到西班牙，向国王敬献了这种由可可做成的神仙饮料，只是，考虑到西班牙人的饮食特点，聪明的科尔特斯用蜂蜜代替了树汁和胡椒粉。“这饮料真不错！”国王喝了连声叫好，并因此封科尔特斯为爵士。从那以后，可可饮料风靡了整个西班牙。

不久后，一位名叫拉思科的商人，因为经营可可饮料而发了大财。一天，拉思科在煮饮料时突发奇想：调制这种饮料，每次都要煮，实在太麻烦了！要是能将它做成固体食品，吃的时候取一小块，用水一冲就能吃，或者直接放入嘴里就能吃，那该多好啊！于是，拉思科开始了反复的试验。最终，他采用浓缩、烘干等办法，成功地生产出了固体状的可可饮料。由于可可饮料是从墨西哥传来的，在墨西哥土语里，它叫“巧克拉托鲁”，因此，拉思科将他的固体状可可饮料叫作“巧克力特”。

西班牙人严格保守可可饮料的配方，对巧克力特的配方也守口如瓶。

直到200年以后的1763年，一位英国商人才成功地获得了配方，将巧克力特引进到英国。英国生产商根据本国人的口味，在原料里增加了牛奶和奶酪，于是，第二代巧克力——“奶油巧克力”诞生了。

当时的巧克力口感并不是很好，这是因为可可粉中含有油脂，无法与水、牛奶等融为一体，因此巧克力的口感很不爽滑。直到1829年，荷兰科学家万·豪顿发明了可可豆脱脂技术，才使巧克力的色香味臻于完美。经过脱脂处理后生产出来的巧克力，爽滑细腻，口感极佳，这就是我们现在所享用的第三代巧克力。

由于可可味道芬芳，富含碳水化合物、脂肪、蛋白质和矿物质，易于消化吸收，所以是极好的高能量食品，数百年来一直广受人们的喜爱，人们把可可树誉为“神粮树”，把可可饮料誉为“神仙饮料”。

知识链接>>>

可可是瑞典植物学家林奈命名的，他根据印第安人对可可树的称呼，将其种名定为“cacao”，我国所沿用的可可和巧克力名称，都是外来语的译音。现在，可可在非洲，亚洲和美洲的热带地区都有栽培。我国的可可种植区主要在海南、广西、云南南部和台湾等地。

“五谷之贵”话小麦

植物是人类赖以生存的不可缺少的资源。人类历史上哪些植物对人类的贡献最大呢？据统计资料显示，有20种植物为人类发展作出了巨大的贡献，排在第一位的是小麦。

小麦是禾本科小麦属植物的统称，通常专指人们广泛种植的小麦，它的颖果是人类的主食之一。所谓颖果是果实的一种类型，也是禾本科特有的果实类型。颖果这一名称得自小麦的花被，它不同于其他有花植物，小麦的花没有明显的花被，花萼退化为颖片，花瓣退化为稃片，成熟的小麦果实中颖片会包裹在种子表面，故而得名。除了小麦之外，许多禾本科植物的颖果被人们当作粮食使用，如水稻、大麦、玉米等，它们共同的特点是：每枚颖果中仅有一枚种子，果实发育成熟后，颖果的果皮不开裂且与种皮高度愈合，难以分离，因此在农业生产中，人们常将颖果直接称为种子。

小麦起源于亚洲西部。在西亚和西南亚一带，至今还分布有野生一粒小麦、野生二粒小麦及节节麦。栽培小麦是人类对野生小麦长期驯化的产物，从新石器时代至今已有万年以上的历史。伊朗西南部、伊拉克西北部和土耳其西南部地区最早驯化了一粒小麦。这种小麦有很多小穗，但每个

小穗只结一粒种子，“小麦”即由此而得名。后来，一粒小麦与一种杂草杂交，产生了二粒小麦，产量也随之提高。以色列西北部、叙利亚西南部和黎巴嫩东南部，是野生二粒小麦的分布中心和栽培二粒小麦的发源地。此后，二粒小麦与一种叫“粗山羊草”的植物经过杂交，形成了今天的栽培小麦。

栽培小麦产生后，从西亚、中东一带向西传入欧洲和非洲，向东传入印度、阿富汗和中国，又经中国传入朝鲜和日本。15～17世纪，小麦传入南、北美洲。18世纪传入大洋洲。

我国的小麦最早出现在3000多年前，也就是商朝中晚期，但当时的小麦种植并不是十分普遍。到了汉代，战国时期发明的石转盘得到了普及推广，人们可以把小麦磨成面粉了。此后，小麦开始大面积普及。明代，小麦种植已经遍布全国。

小麦是温带性作物，适应性较强，因而分布极广泛。在我国北方、南方，平原、高原，冬季、春季都可种植，在夏涝地区可早收避灾，具有一定的稳产保收特点。现在，我国的小麦播种面积约占粮食总播种面积的1/5，产量占粮食总产量的1/7，是仅次于稻谷的主要粮食作物。

小麦中含有丰富的淀粉、蛋白质、脂肪、碳水化合物、粗纤维、矿物质、维生素以及卵磷脂、蛋白酶、淀粉酶等营养物质。特别是小麦的胚芽，犹如一个营养素的宝库，在每百克小麦胚芽中，含蛋白质27.9克，脂肪9.7克以及丰富的维生素E和一定量的胆碱。中医认为，小麦具有清热除烦、养心安神等功效，小麦粉不仅可厚肠胃、强气力，还可以作为药物的基础剂，故有“五谷之贵”之美称。

知识链接>>>

哪些粮食为“五谷”，我国历史上的说法并不一致。一种说法是指黍、稷、菽、麦、稻；另一种说法是指麻、黍、稷、麦、豆。如今，“五谷”已泛指各种主食食粮，一般统称为粮食作物，或者称为“五谷杂粮”，包括各种谷类、豆类、薯类及其他杂粮。

玉米的起源

1492年，哥伦布发现了“新大陆”——美洲，此后，欧洲人纷纷来到美洲，或是寻找金子，或是探寻宝藏，人们也看到了当地的印第安人栽培了不少奇特的植物，便在好奇之余，把这些栽培植物带到了欧洲，在世界各地广为传播。这些植物中最著名的当属人们现在日常生活所不可或缺的番茄、玉米、番薯、烟草、向日葵和马铃薯等。其中，玉米现在已经成为世界上分布最广泛的粮食作物之一，种植面积仅次于小麦和水稻。

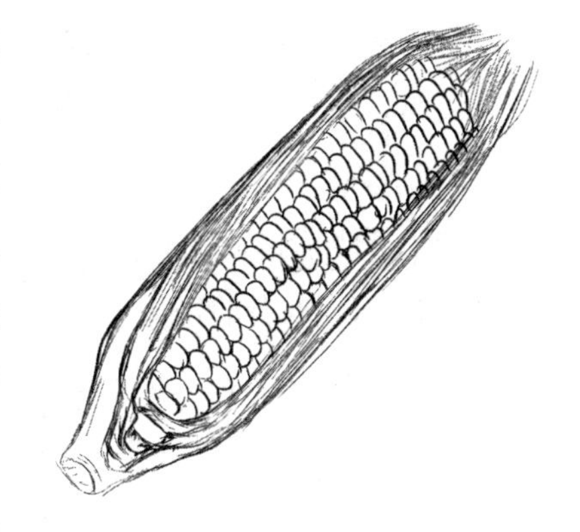

玉米是美洲唯一土生土长的谷物，亦称“玉蜀黍”“包谷”“包芦”“珍珠米”等。早在公元前7000年，美洲大陆的印第安人就已经开始种植玉米。玛雅人是印第安人中文明最发达、农业最先进的一个部族，他们以种植玉米为主，在培育玉米这一重要农作物的过程中，作出过重大贡献。可以说，印第安人创造的光辉灿烂的玛雅文化，是在种植玉米的经济基础上发展起来的，所以，人们把玛雅文化又叫作“玉米文化”。

后来的科学研究表明，印第安人当初种植的玉米，是由野生的大刍草培育成的。大刍草在墨西哥等地区至少已经生长了8万年。现在，墨西哥

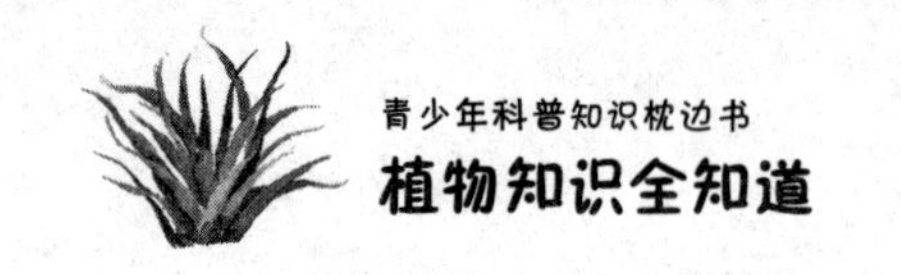

还有大刍草这种野生植物，它植株矮小，雌雄花长在同一株的顶部。每棵在顶部结一个很小的果穗，籽粒瘦小，穗轴只有2.4厘米长，但具有现代玉米的一切植物学特征。

最早的玉米化石标本，是美国波士顿大学考古学家理查德·马克尼施在墨西哥城东南梯华肯山谷中的一个洞内发现的，这些标本可追溯到大约公元前5000年。此外，从美洲的亚利桑那州到危地马拉之间的许多地方，考古学家发现了大约25000个玉米果穗化石。马克尼施研究后认为，栽培玉米最早出现在墨西哥城南和恰帕斯及墨西哥北部一个较小的地区内，而且约在4000年以前就已被改良。

由于玉米适合旱地种植，因此西欧殖民者侵入美洲后将玉米种子带回欧洲，之后在亚洲和欧洲被广泛种植，成为世界上重要的粮食作物。我国关于玉米最早的记录是在1511年。当时，在安徽的颍州就已开始栽植玉米了。那时距哥伦布发现新大陆不到20年，比起番茄，玉米的传播要快得多。当时，人们叫它“西番麦”“西天麦”。由于玉米曾作为献给皇帝的贡品，因此又叫“御麦”。过了半个世纪，我国西北的甘肃和西南的云南等地也已种植了玉米。就这样，玉米从南向北逐渐传遍了全国各地。

如今，世界上的玉米品种很多，籽粒纵行有8～10行的，有14～20行的，甚至有多到24、26行的，大多是偶数。籽粒也有不同的颜色，有玉白、金黄色的，有橘红、浅棕色的，甚至有蓝紫色的，或在同一个玉米穗上籽粒就有几种颜色的。玉米籽粒行数为什么多数都成双行呢？原来，玉米雌穗的主轴上长有许多成对、纵横排列的雌小穗，每个雌小穗有两朵小花，一朵是不孕花，不结实；另一朵是可孕花，能够结实。这样，果穗上的纵列行就成了双数。玉米棒上出现几种颜色的籽粒，是不同品种间异花传粉杂交的结果。年复一年地播种杂交种子，越来越杂，同一个棒上的籽粒颜色就更多了。

作为三大粮食品种之一，玉米为解决人类的温饱问题起到了很大作用。时至今日，玉米仍然是全世界各国人民餐桌上不可或缺的食品。近年来，德国营养保健协会的专家们对玉米、稻米、小麦等多种主食进行了营养价值和保健作用的各项指标对比。结果发现，玉米中的维生素含量非常高，为稻米、小麦的 5 ～ 10 倍。同时，玉米中含有大量的营养保健物质，除了含有碳水化合物、蛋白质、脂肪、胡萝卜素外，还含有核黄素、维生素等营养物质。这些物质对预防心脏病、癌症等疾病有很大的好处。此外，多吃玉米还能抑制抗癌药物对人体的副作用，刺激大脑细胞，增强人的脑力和记忆力。

知识链接 >>>

在植物分类学中，种子植物共有 300 多个科。其中禾本科植物约有 1 万种，我国有 1000 种左右。主要的粮食作物，如小麦、水稻、玉米、高粱、粟等，都属于禾本科。因此，禾本科有粮食仓库的称号。另外，禾本科还包括全部的竹类植物和一些牧草，如猫尾草、狗尾草、冰草等。甘蔗也属于禾本科。

甜菜制糖的历史

糖是我们日常生活不可缺少的营养物质，也是食品工业、饮料工业和医药工业的重要原料。但你知道吗？不同种类的糖有它们不同的来源。奶糖或乳糖是从奶中提取的；果糖是从水果中提取的；从蔬菜、谷物、土豆中提取的糖则称为葡萄糖。最普通的糖，就是我们平时吃的白糖，它属于蔗糖，除了来自甘蔗之外，甜菜也是制取蔗糖的主要原料。

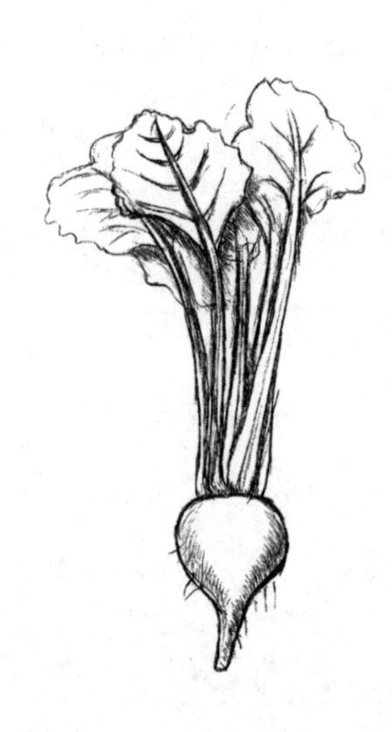

甜菜是一种两年生草本植物，茎有1～2米高，叶长5～20厘米。它是由地中海沿岸的野生种演变而来的，经长时期人工选择，到公元4世纪已出现白甜菜和红甜菜。公元8～12世纪，甜菜在波斯和阿拉伯地区已广泛栽培，但当时人们种植甜菜主要是把它的根和叶作蔬菜用。最早发现可用甜菜制糖的是18世纪时的德国化学家马格拉夫。

马格拉夫1709年生于柏林，他的父亲是当时的普鲁士王朝的宫廷药师。马格拉夫受父亲的影响，自小喜欢研究药学、化学和冶金学。后来，他被选进皇家科学院，并被指派为该院的化学实验室主任。当时，用来制糖的主要原料是甘蔗，而甘蔗只能生长于热带、亚热带地区，寒冷地区则不能种蔗制糖。马格拉夫决心在甘蔗之外的植物中提取砂糖。经过大量的化验分析，1747年他从甜菜中提取出了一种结晶状物质，后来发现这种物

质就是蔗糖。

马格拉夫的发现，给制糖业的发展带来重大突破。马格拉夫的学生阿哈尔德通过进一步的人工选择，于1786年在柏林近郊培育出块根肥大、根中含糖分较高的甜菜品种。这是栽培甜菜种中最重要的变种，也是世界上第一个糖用甜菜品种。1799年阿哈尔德发表论文，宣告可以用甜菜制糖。1802年，阿哈尔德建立了世界上第一座甜菜糖厂。

19世纪初，拿破仑对不列颠岛实行封锁，英国则从海上对欧洲大陆实行经济封锁，欧洲海上运输因之受阻，一些急需物资和食品、如甘蔗糖等无法从海上运往欧洲大陆，拿破仑坚持要法国自己生产糖，即从甜菜中提取糖。1812年，拿破仑高兴地获悉一家工厂已经成功地从甜菜中提炼出糖。拿破仑亲自到这家工厂视察，当即决定建立皇家作坊，并划出大片土地种植甜菜。此后，甜菜制糖业在欧洲迅速发展。与此同时，一位英国人发明了真空蒸发罐，把甜菜汁放进罐中，降低压力，可以使水分迅速蒸发。1830年，古巴人发明了连接三个蒸发罐的三重效用罐。其功能是：在第一个罐熬甜菜糖汁时，将第一个罐的蒸汽用于第二个罐加热，使糖汁的水分继续蒸发；再将这些蒸汽用于第三罐加热，使糖汁的水分再继续蒸发，于是便得到很浓的甜菜汁，冷却之后即成砂糖。但这种结晶仍混有水分，再经机械提取水分之后就成砂糖。

从甜菜中制取砂糖，是个了不起的发明，它很快得到欧洲各国的欢迎，并传播到世界上的许多国家。现在，全世界的糖产量已从18世纪的几万吨增长到几亿吨。

知识链接 >>>

现在世界上甜菜的栽培种有4个变种：糖用甜菜、叶用甜菜、根用甜菜、饲料用甜菜。甜菜全身都是宝，除根用作生产蔗糖外，其叶是理想的多汁绿色饲料，除含有牲畜所需的一般营养物质外，还富含胡萝卜素，能补充饲料中的维生素A的不足，增加其乳制品中维生素A的含量。

蔬菜的历史

蔬菜是指可以做菜、烹饪成为食品的，除了粮食以外的其他植物。蔬菜的品种繁多，分为叶菜、根茎、花芽、蕨、瓜果五大类。我国人民种菜历史悠久，经验丰富，而且早就知道蔬菜对人体健康有补益的作用，把蔬菜作为五谷不可缺少的辅助食品。

远古时期人们主要靠采摘野生植物的果实、根、茎、叶为食。像萝卜、芜菁、蕨、莼菜等这些可供人们食用的野生植物，经过无数代试种，逐渐驯化为可栽培的蔬菜。由于当时农业尚处于萌芽状态，栽培作物的种类和数量都很少，人们仅仅在住地周围零星种植。《诗经》里提到的 132 种植物，其中作为蔬菜的有 20 余种，随着时代变迁，其中部分品种已退出蔬菜领域，成为野生植物，如荇、苕、苞之类。

春秋战国时期，农业生产中采用了铁制农具和牛耕，生产力大幅度提高，随之有了农业、手工业和商业的分工。当时诸侯割据，各国都城成为重要的政治和商业经济中心，人口急骤增加。为了满足人们对蔬菜的需要，城郊出现了专门种植蔬菜的菜圃。当时人们食用的主要蔬菜有 5 种，其中葵被称为“百菜之主”，现在有的地方称冬寒葵或冬寒菜，因口感及营养欠佳，唐以后种植渐少，明代已很少种它，并不再当蔬菜看待。藿也是先秦时的主要蔬菜，它是大豆苗的嫩叶，如今已极少拿来当菜吃了。

秦始皇统一中国后，农业和手工业进一步发展，促进了城郊的商品菜生产。汉朝开辟的“丝绸之路”沟通了与中亚、西亚各国的商业渠道。先后引入黄瓜、蚕豆、豌豆、大蒜等蔬菜，其后经过驯化、培育，在我国各地普遍栽培。韭、葱、蒜是现在常用来调味的蔬菜，在古代蔬菜中则独成一属。萝卜的许多优良品种在秦汉时便已培育出来了，当时它的称呼很多，主要有雹突、紫花菘、莱菔等，到宋代才有了萝卜这一俗称。

现在常见的蔬菜如茄子、黄瓜、菠菜、扁豆、刀豆等都是在魏晋至唐宋时期陆续从国外引进来的。茄子，原产于印度和泰国。黄瓜原产于印度，传入我国时比茄子晚些，初名叫胡瓜，现在有的地方还保留这种叫法。菠菜是唐代贞观年间由尼泊尔传入的，最初叫菠稜菜，后简称菠菜。扁豆原产于爪哇，南北朝时传入我国。刀豆原产于印度，唐代传入我国。

宋代以来，我国蔬菜的种植和食用就更加广泛了。除了从国外引进外，我国古代劳动人民还自行培育出一些极为重要的蔬菜品种，如茭白和白菜等，种植蔬菜的技术也有进步。白菜在南北朝时已广泛栽培，在宋代更加普遍。白菜古称“菘”。在古代称“菘”的蔬菜还有芜菁、油菜和萝卜，只是到了北魏的《齐民要术》才把它们一一分开。在白菜家族中最有名的要算是大白菜了，关于大白菜的记载最早见于唐代，今天常见的结球大白菜直到清乾隆年间才有正式记载。

元、明、清时期，陆续又有一些品种加入我国菜谱中来。胡萝卜原产于北欧，元代由波斯传入。辣椒和西红柿的传入时间还要晚些。西红柿虽由欧洲传入我国，但它的祖居地却是南美洲的秘鲁。西红柿原名叫狼桃，秘鲁土著人刚发现它时，以为它有毒，还不敢吃呢。进入清代末期，我国现有传统蔬菜品种基本上都出现了。当时已有 176 种蔬菜，而现在经常食用的大约在 100 种左右。

俗话说：三天不吃青，眼睛冒金星。几天不吃蔬菜，人就会感觉身体

不适。蔬菜除了含有 70% ～ 90% 的水分及少量的蛋白质、脂肪外，主要含有一定量的糖和丰富的维生素及无机盐，是维持生命活动不可缺少的要素之一。在我国古代医书中，关于蔬菜的药用价值多有记载，我国现存最古老的方书《五十二病方》中就提到了蔬菜的药用，明代医学家李时珍在《本草纲目》中收载的蔬菜类药物多达 105 种。

知识链接 >>>

蔬菜是可供佐餐的草本植物的总称。世界上的蔬菜种类大约有 200 多种，普遍栽培的只有五六十种。这些蔬菜的食用器官有根、茎、叶、未成熟的花、未成熟或成熟的果实、幼嫩芽和种子。其中许多是变态器官，如肉食根、块根、块茎、球茎、鳞茎、叶球、花球等。

“菜中之王”白菜

白菜是人们生活中不可缺少的一种重要蔬菜，据统计，以白菜为原料的菜肴有150种之多，所以白菜素有“菜中之王”的美称。

白菜是我国原产蔬菜，有悠久的栽培历史。据考证，在我国新石器时期的西安半坡原始村落遗址发现的白菜种子距今约有6000～7000年。《诗经》中有“采葑采菲”的记载，这里的“葑”是指蔓菁、芥菜、菘菜等蔬菜，其中的菘菜即为我们现在所说的白菜。到了秦汉，这种吃起来无滓而有甜味的菘菜从“葑”中分化出来。菘菜在南北朝时已广泛栽培，宋朝时，菘菜开始被称为白菜。

白菜家族的成员很多，按形态来分有大白菜、小白菜、乌塌菜、油菜、芜菁等。明代以前白菜主要在长江下游太湖地区栽培，明清时期不结球白菜（小白菜）在北方得到了迅速的发展。与此同时浙江地区成功培育了结球白菜（大白菜）。18世纪中叶，在北方，大白菜取代了小白菜，且产量超过南方。华北、山东出产的大白菜开始沿京杭大运河销往江浙乃至华南。

白菜是在明朝时由我国传到朝鲜的，之后成了朝鲜泡菜的主要原料。20世纪初，日俄战争期间，有些日本士兵在中国东北尝到这种菜觉得味道

不错，于是把它带到了日本。今天，世界各地许多国家都引种了白菜。

大白菜耐储存，所以我国老百姓，特别是北方老百姓对白菜有特殊的感情。在经济困难的时期，大白菜是他们整个冬季唯一可吃的蔬菜，一户人家往往需要储存数百斤白菜以应付寒冬，因此白菜在中国演变出了炖、炒、腌、拌各种做法。冬季在最低气温为 -5℃左右时，大白菜完全可以在室外堆储安全过冬，外部叶子干燥后可以为内部保温。如果温度再低，则需要窖藏。不过在过于寒冷的北方还有另外几种冬季储存白菜的方法，如在朝鲜北方和中国东北东部腌制朝鲜冬菜，在中国东北地区西部、内蒙古东部和河北北部寒冷的地区，由于缺乏食盐，故习惯用渍酸菜的方法等储存白菜。

中医认为，白菜性微寒无毒，可养胃生津，除烦解渴，利尿通便，清热解毒，为清凉降泄兼补益的良品，民间还有用白菜治感冒的验方。现代医学表明，白菜除含糖类、脂肪、蛋白质、粗纤维、钙、磷、铁、胡萝卜素、硫胺素、烟酸外，尚含丰富的维生素，其维生素 C、核黄素的含量比苹果、梨分别高 5 倍、4 倍；微量元素锌高于肉类，并含有能抑制亚硝酸胺吸收的钼。其中维生素 C，可增加机体对感染的抵抗力，可用于坏血病、牙龈出血、各种急慢性传染病的防治。白菜中含有的纤维素，可增强肠胃的蠕动，减少粪便在体内的存留时间，帮助消化和排泄，从而减轻肝、肾的负担，防止多种胃病的发生。

白菜中所含的果胶，可以帮助人体排除多余的胆固醇。此外，白菜本身所含热量极少，含钠也很少，不至于引起热量储存，也不会使机体保存多余的水分，从而减轻心脏负担。中老年人和肥胖者，多吃白菜还可以减肥。

知识链接 >>>

我国是世界上栽培蔬菜种类最多的国家，总数有 160 多种。常见的蔬菜有 100 种左右，其中原产我国的蔬菜除了白菜之外，还包括萝卜、芥菜、韭菜、薤、茼蒿、竹笋、草石蚕、百合、莲藕、荠菜、金针、木耳等。

马铃薯的历史

马铃薯又叫土豆，遍布五大洲，与稻、麦、玉米、高粱一起，被称为世界五大作物。马铃薯在不同的国家有不同的名字，如意大利人叫它地豆，法国人叫它地苹果，德国人叫它地梨，美国人叫它爱尔兰豆薯，俄罗斯人叫它荷兰薯，我国则有的叫它山药蛋，有的叫它土豆等。鉴于其名字的混乱，植物学家才给它取了个世界通用的学名——马铃薯。

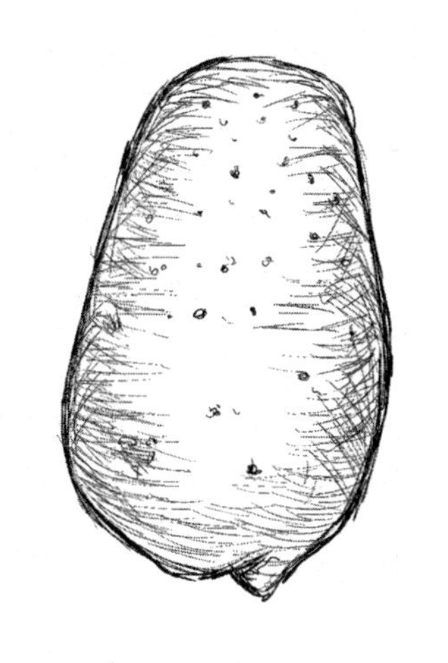

关于马铃薯的原产地，多年来一直是个有争议的话题。2005 年，美国植物学家用先进的基因技术，对 300 多个野生和种植的马铃薯样品进行研究和分析后宣布：世界上所有的马铃薯品种都可追溯到秘鲁南部的一种野生品种。因此可以说，秘鲁是马铃薯的故乡。

科学研究发现，现在秘鲁高原的大部分马铃薯种植区，在公元前 8000 ～前 6000 年是不能种马铃薯的，那时这一地区或覆盖厚厚冰雪，或处于正在逐渐融化和裸露陆地的过程；而在沿海或中部和西部山地，很可能大片土地已被草原覆盖，其间点缀绿茵丛林，并已适宜人类居住。早期的印第安人逐渐向这里迁徙并以采集到的野生马铃薯为食。当时，印第安人缺少武器，抵御能力低下，在热带原始森林里常常会遭遇许多悲惨的厄运，

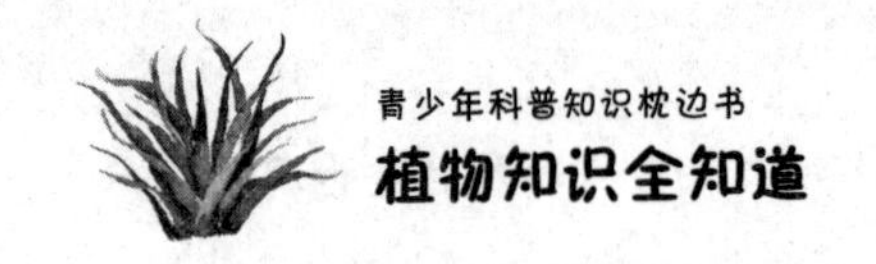

所以尽管那里有丰富的自然资源和可食的物品，并且可以很容易地种植玉米或其他作物，他们还是尽可能地避开这种恶劣环境而迁移到寒冷的高地，最后在比较安全的濒太平洋沿岸高达3000米以上的安第斯高原定居。但严寒又给他们带来了食物匮乏的危险：在那里木薯不能很好生长，玉米很难在4000米以上的高地上正常结实。饥饿迫使他们从地下寻找可食的东西。那时的马铃薯有浓郁的苦涩味，不那么美味可口。现代科学查明，野生马铃薯的块茎中含有大量生物碱，对人畜有毒，食用过多会使肠胃痉挛，心血管系统和呼吸机能受到抑制，甚至造成死亡。印第安人开始食用马铃薯时，把它切成碎片在河溪里漂洗后晒干，以减少苦涩味，他们可能要付出很多生命代价才学会这种食用方法，并辨认出哪些马铃薯适于食用并保留下来。史前农业时代人类居住区可能就是最早驯化植物的地区，人们把滋味适口的一个马铃薯种或几个马铃薯种栽植在居住地周围具有肥力的废弃物堆上，长出来的块茎又被携带至另一个居住区。经过不断栽植和携带，逐步驯化的马铃薯就扩展到整个安第斯高原地区。

马铃薯在古代南美洲印第安人生活中占有重要地位，马铃薯的丰歉直接影响到他们的生活。因此，印第安人把马铃薯尊奉为“丰收之神”，并认为马铃薯是有“灵魂”的。如果某一年马铃薯歉收或严重减产，就认为是他们“怠慢”了马铃薯神，必须举行一次盛大的祭祀仪式，要杀死牲畜和男女孩子作为祭品，祈求马铃薯神保佑丰收。这种残酷的祭神仪式延续了很长很长时间。公元1547年一位到过秘鲁的西班牙人目睹并记述了这种祭祀仪式，不过当时这种祭祀仪式的祭品已仅限于牲畜而不再杀人了。到了近代，这种祭祀已发展成为印第安部族庆丰收的节目了。

16世纪前半叶，马铃薯传到了欧洲。但是，当时欧洲人却不吃马铃薯的块茎，而吃它结出的浆果。到了18世纪，欧洲人才知道把马铃薯的茎块煮熟或烤熟再吃，继而才懂得大面积种植马铃薯。据记载，马铃薯是17世纪初由欧美传教士带进我国的，所以我国有的地方称马铃薯为洋芋、荷兰薯等。

秘鲁至今仍有一种人不能食用的野生马铃薯，它的浑身上下长满茸毛，

叶面上、地上茎和地下块茎都生长茸毛，害虫对它无奈，想吃无处下口。科学家们慧眼识珠，将这种野生马铃薯取来，同本地的高产却不抗虫的栽培马铃薯杂交，成功地培育出杂交新品种。新品种马铃薯不仅在块茎和叶面生有茸毛，而且茸毛顶端有一些特殊的黏性物质，小昆虫飞来偷食叶片，还没下口就被粘住手脚动弹不了，好像苍蝇碰上毒蝇纸一样，而后被活活饿死；其他昆虫即使吃到马铃薯的块茎和叶片，也好景不长，过不了一会儿，它们的肠胃也会被那茸毛顶端的黏性物质黏结，最终还是一命呜呼。

科学研究发现，马铃薯含有多种人体必需的氨基酸和维生素，蛋白质的有效成分可与大豆相媲美，被人们赞誉为“第二面包”。西方人几乎餐餐不离土豆，尤其对欧美国家的人来说，土豆是仅次于面粉的重要主食，沙拉、浓汤、主食、零食，土豆可谓是无孔不入，真的是菜也土豆，饭也土豆。而在我国，土豆却永远是个“配角”，入菜用的。除食用外，马铃薯还可作饲料、食品加工和轻工业原料，用来制酒精、柠檬酸、变性淀粉、涂料、人造橡胶等。

现在，全世界马铃薯收获面积在2.7亿～2.8亿亩，总产量2850亿～2900亿公斤，在世界粮食总产量中仅次于小麦、水稻、玉米而居第四位。

知识链接>>>

食用马铃薯应该注意：一是马铃薯中含有一种有毒的龙葵碱，没发芽时，龙葵碱的含量少不致引起人体中毒；春天发芽时，龙葵碱含量增加，幼芽及芽眼里更多，因此发芽的马铃薯则不宜再食用。二是马铃薯中不少营养素易溶于水，因此削皮或切后不泡水或尽量缩短泡水时间，以防营养素大量流失。

源远流长话洋葱

洋葱是一年四季都可以买到的一种大众蔬菜。在世界各国，用洋葱做配料或做调味品十分普遍，它可用于凉菜，也可用于热炒，可用于中餐，西餐更是必不可少。

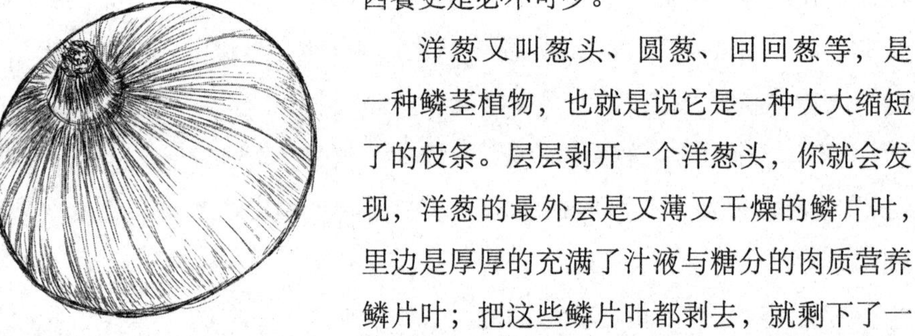

洋葱又叫葱头、圆葱、回回葱等，是一种鳞茎植物，也就是说它是一种大大缩短了的枝条。层层剥开一个洋葱头，你就会发现，洋葱的最外层是又薄又干燥的鳞片叶，里边是厚厚的充满了汁液与糖分的肉质营养鳞片叶；把这些鳞片叶都剥去，就剩下了一个小小的扁球形或卵形的鳞片盘，这是鳞片叶着生的部位，是短短的变态茎。洋葱的茎叶怎么长成这么个怪样子？这还得从它的老家说起。

洋葱原产于西亚的沙漠地区，这里又干又热，漫天风沙常常把洋葱埋住。种子萌发后长出的小茎被包裹在沙土中伸展不开，而多水多糖的肉质叶子也因风沙掩埋而不得不层层包围着小茎，簇拥成紧密的一团。这种叶子可以抵御干旱的侵袭，使洋葱不致因高温干旱而枯死。把新鲜的洋葱头放在火炉边，储存到整个干燥的冬天结束，它也不会干枯死去。洋葱这种耐热耐干的本领早就引起了人们的注意。人们曾在五六千年前的埃及陵墓中找到过与死者同时埋进去的洋葱，石棺椁上和埃及最古老的建筑物墙壁上也画着许多洋葱的图案。这说明，洋葱早就成了人类的食物。

在古代埃及、希腊、罗马等地，洋葱的价格十分昂贵，一只洋葱可换十条鸡腿，洋葱甚至可做女儿的嫁妆、借债的抵押品，还可用它来交付租金。因为洋葱是一层层的圆形体，古代埃及人相信它是一种永恒的象征，于是他们会把右手放在洋葱上起誓。古代希腊和罗马的军队，认为洋葱能激发将士们的勇气和力量，便在伙食里加进大量的洋葱。在阿拉伯，人们视洋葱为圣物，供奉在神像前。欧洲中世纪时，骑士们认为洋葱是具有神奇力量的护身符，胸前戴上它，就能免遭剑戟的刺伤和弓箭的射伤。因此，洋葱是所谓“胜利的洋葱”。在希腊文中，“洋葱”一词还是从“甲胄”这个词衍生出来的呢！

很早以前人们就发现洋葱具有出色的医疗功效。公元前 4 世纪时，西方医学之父希波克拉底认为洋葱有益于视力。在美国南北战争时，当时的北军总司令，后来成为第十八任总统的格兰特将军，曾给陆军部送去一封信，写道：“没有洋葱，我就不能调动我的军队。”结果第二天陆军部火速派人送去三列车洋葱，解决了部队遭受的痢疾和其他疾病的困扰，看来洋葱的保健及医疗作用的确不可小觑。

现代医学研究认为：洋葱中的许多有效成分确实有防病治病的作用。洋葱中的洋葱精油可降低胆固醇的含量，对改善动脉粥样硬化很有帮助；洋葱中的前列腺素 A，可减少血管阻力，减少儿茶酚引起的升压作用；洋葱含有的二烯丙基二硫化物、硫氨基酸等物质有降脂的作用，所以，经常食用洋葱对降低血脂、防治心血管病有较好的作用；洋葱中还有硒元素，它有一种特殊的作用，能使人体产生大量的谷胱甘肽，这种物质浓度升高时，癌症的发病率就会大大降低。另外，洋葱对金黄色葡萄球菌、白喉杆菌等菌类也有很强的灭杀作用。

知识链接 >>>

鳞茎是植物的一种变态茎，通常的形状为圆形或椭圆形。真的茎在中心部分，直立，长得又短又粗，茎的外部生有许多层鳞片状叶子，所以这种茎被称为鳞茎。秋海棠、大丽花、美人蕉、郁金香、水仙等都属于鳞茎植物。

西红柿史话

西红柿是各国人民饭桌上的美味佳肴，它因对人体的营养价值、悦目的颜色、优美的形态和适口的味道以及多样性的吃法受到了人们的欢迎。目前世界各地竞相培育，品种已达4000多个。可是你是否知道，几百年以前人们还害怕吃西红柿，并把它当作是一种毒果呢！

西红柿原来是一种野生茄科植物，最早生长在南美安第斯山区北坳，结的果实只有豌豆那么大，印第安人曾对它进行过人工栽培。1554年葡萄牙人把番茄从南美运到欧洲，当作奇花异草栽于庭园、花坛，以供人们观赏。西红柿开的小黄花，虽然没有什么香味，但是，它结出的果实却很好看。刚刚结出的西红柿，碧绿得像一颗颗绿色的玛瑙，半熟时变成黄色或粉红色，熟透以后红光锃亮，煞是可爱。在同一棵西红柿植株上，各种颜色的果实挂得琳琅满目，深受人们的喜爱。不久西红柿传入英国，女皇伊丽莎白的情人将一株西红柿赠送女皇，于是西红柿就成了“爱情之果”。

即便是观赏，人们对它还是敬而远之，据说是因为它的枝叶上长满了茸毛，并且还会分泌一种有怪味的汁液，更主要的是由于人们认为它跟颠茄和曼陀罗这类茄科含毒植物有亲缘。因此，这美味的西红柿被视为毒果，当时希腊人称它为“狐狸的果子”，使它蒙受“冷遇”达300年之久。直到18世纪末期，若不是意大利出了一个勇士，冒着“生命危险”吃了头一个，西红柿的食用价值真不知要到哪一天才能被人知晓！1811年出版的英国《植物学大辞典》里，对西红柿的描述还采取怀疑态度：西红柿虽然还被认为是有毒的植物，但在意大利已经同胡椒、大蒜与牛肉一起食用了。“西红柿就大蒜”一语道破了当时人们的矛盾心理，想吃又怕中毒。

1820年，又有一个名叫吉本·约翰逊的人，在美国新泽西州的萨勒姆地方政府办公楼的台阶上，向公众做了吃西红柿的表演。这个在各个方面都默默无闻的人，倒以此举为自己挣得了些名气，在客观上也进一步证实了西红柿的食用价值。意大利人在尝到西红柿的甜头后，他们便想向世界推销，于是把西红柿美其名为“金苹果”。至此，西红柿才算“见了天日”。因为它的味道和形态确实很美，所以很快就遍布全球。

我国原来没有西红柿，大约在1630年左右才由西洋传入，由于它来自西洋，果实有点像柿子，故名西红柿；又由于它跟茄子同属一科，果实还有点像茄子，故又称番茄；还有叫六月柿的，因为它通常在六月结果。

西红柿的果实肉厚汁多，酸甜可口，是营养价值较高的蔬菜。人类食品中的六大营养成分，在西红柿中无一不备，它所含的多种维生素和无机盐更受到人们的重视。其中的维生素C，由于有酸的保护，在烹调中不易消失和破坏；西红柿的酸——草酸含量极微，对人体有益无害；钙、磷、铁的含量虽不及菠菜，却容易被人吸收。另外，西红柿中还含有一种特殊的成分——名为番茄红素的类胡萝卜素。长期以来，番茄红素一直作为一种普通的植物色素，并未引起太多的关注。但近年来的研究表明，番茄红素对防治前列腺癌、肺癌、胃癌、乳腺癌有奇效。1994年，一位意大利学者将2706名各种消化道癌症患者与2879名正常人进行对照研究后发现，增加西红柿的摄入量，对消化道具有保护作用，与不吃西红柿的人相比，每天至少吃一份西红柿者发生消化道癌的机会可减少50%。另外，由于番茄红素能防止血中低密度脂蛋白氧化，因而能减少动脉粥样硬化和冠心病的患病风险。有学者根据欧洲10个国家的研究报告得出结论，每天吃至少含40毫克番茄红素的西红柿制品，能明显减少血中低密度脂蛋白的氧化和降低发生冠心病的风险。现在，番茄红素被西方国家称为“植物黄金”。

知识链接 >>>

近年的研究证实，番茄红素不仅分布在番茄中，还存在于西瓜、南瓜、李子、柿子、胡椒果、桃、木瓜、杧果、番石榴、葡萄、葡萄柚、红莓、云莓、柑橘等的果实中；茶的叶片及萝卜、胡萝卜、芜菁、甘蓝等的根部。但人体从番茄中获得的番茄红素占总摄入量的80%以上。

葡萄酒的起源

在当今琳琅满目的各种果品中，若论起谁的资历最老，那就非葡萄莫属了。据古生物学家考证，早在650多万年前，葡萄就已经生活在地球上了。有的学者认为，在2.3亿年前就有了类似葡萄的植物。可以说，葡萄是世界上最古老的植物之一。

葡萄是一种落叶藤本植物，我们常吃的葡萄是它的果实。在果树中，葡萄适应性很强，耐旱、耐盐碱，不论平地、山地、沙滩均可栽培。此外，葡萄也是庭院中美化环境的最主要树种。葡萄品种很多，全世界约有上千种，总体上可以分为酿酒葡萄和食用葡萄两大类。

葡萄原产于欧洲、西亚和北非一带。据考古资料，最早栽培葡萄的地区是小亚细亚里海和黑海之间及其南岸地区。大约在7000年以前，南高加索、中亚细亚、叙利亚、伊拉克等地区也开始了葡萄的栽培。多数历史学家认为波斯（今伊朗）是最早酿造葡萄酒的国家。欧洲最早开始种植葡萄并进行葡萄酒酿造的国家是希腊。

葡萄种植在我国也有2000多年的历史。在公元前100多年的西汉武帝时，葡萄由张骞从西域引进，最初在我国西北部栽培，后来才传播到各地。

开始人们只是把它当作水果食用，大约到东汉晚期才用来酿酒。即使到了那时，葡萄的栽培也不普遍，葡萄酒还是一种很珍贵的酒，据史书记载，东汉灵帝时有一个得宠的宦官张让，因为扶风地方的孟伦送给他一斗葡萄酒，就将孟伦提拔为凉州刺史。到唐代，出现了“葡萄美酒夜光杯”的佳句，可见葡萄酒仍被视作为佳酿美酒。

如今，葡萄酒已经成为世界最畅销的饮料之一。在世界各国的葡萄酒中，以法国葡萄酒最为有名。

白兰地是一种驰名全球的烈性葡萄酒。其实，白兰地是法国一个城市的名字，在白兰地市郊 900 平方公里的滨海土地，是一望无际的葡萄园，农民世代以酿酒为生。1863 年，白兰地市的甘密家族酿酒厂酿出高烈度葡萄酒，将酒精度从十几度提高到四十几度，正迎合了宫廷与豪门的需要，于是“甘密”“拿破仑”等牌子从此步入上流社会，驰名全球。白兰地的出口港是北边的波尔多市。自 14 世纪以来，每年都有几百艘船满载美酒从波尔多出发，运往世界各地。

香槟是一种含有二氧化碳气体的葡萄酒。“香槟”其实也是一个地名，位于巴黎东面。在 100 公里长的马恩河谷的香槟地区，专门栽植特甜葡萄。法国政府规定，只有原料取自香槟地区，含酒精 11 ～ 13 度，富含糖质，味道芳香者，方准称为“香槟酒”。

现在，全世界 80% 的葡萄都用于酿酒。但是，随着人们保健意识的增强，消费观念的转变，越来越多的葡萄被酿成果汁，成为味美多效的营养保健果品。研究发现，葡萄含糖量高达 10% ～ 30%，以葡萄糖为主，能很快地被人体吸收。当人体出现低血糖时，若及时饮用葡萄汁，可很快使症状缓解；葡萄中含的类黄酮是一种强力抗氧化剂，可抗衰老；葡萄中含有一种抗癌微量元素——白藜芦醇，可以防止健康细胞癌变，阻止癌细胞扩散。葡萄汁可以帮助器官移植手术患者减少排异反应，促进其早日康复。科学实验研究证明，葡萄能降低人体血清胆固醇水平，降低血小板的凝聚力，对预防心脑血管病有一定作用。

知识链接 >>>

藤本植物是指那些地上部分不能直立生长，常借助茎蔓、吸盘、吸附根、卷须、钩刺等攀附他物生长的植物。依照其茎的结构，藤本植物可以分为木质藤本植物和草质藤本植物。葡萄是木质藤本植物的代表，我们常见的牵牛花则是典型的草质藤本植物。

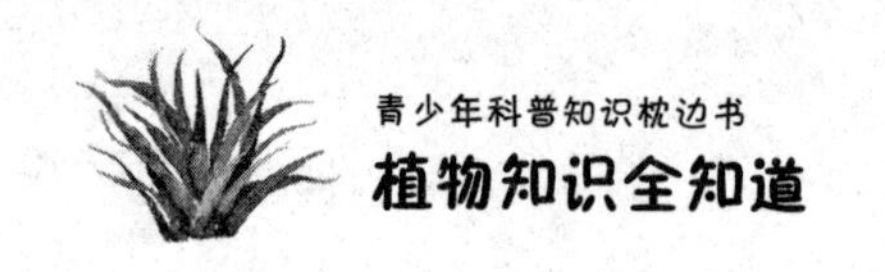

对人体有益的辣椒

葱、姜、蒜、辣椒、胡椒被称为生活中的五辣。其中，辣椒不但是调味品，还是人们日常蔬菜之一。印度人称辣椒为“红色牛排”；墨西哥人将辣椒视为国食。在我国，许多地区的人甚至没有辣椒就无法下饭，可见人们对它的钟爱。

辣椒又名番椒、海椒、辣茄等，是一种茄科辣椒属植物。辣椒的种类繁多，辣味也是五花八门，有的辣椒一咬就辣，有的是咽下去才觉辣，有的吃后满嘴都辣，有的辣前舌，有的辣喉咙，有的闻起来辣，吃起来更辣，还有的在几米远的地方就辣味呛人。如何划定这些辣椒的“辣度”呢？1912年，美国帕克戴维斯药厂的制药师斯维科尔发明了一种方法，他将柿子椒（甜椒）的辣味定为“零单位”，西班牙辣椒为3500～4500单位，烟草辣味为30000～50000单位，印第安辣椒则为100000～125000单位。墨西哥哈贝纳罗辣椒堪称世界辣味之最，其等级为30万单位。

辣椒原产于中南美洲热带地区，原产国是墨西哥。15世纪末，哥伦布到达美洲之后，把辣椒带回欧洲，并由此传播到世界各地。明朝末期，辣椒传入我国南方，那里多雨潮湿，而辣椒有御寒祛风湿的功效；加之人们终年以米饭为主食，食用辣椒，可以直接刺激唾液分泌，开胃振食欲。所

以辣椒一经传入，便得到了湖南、四川、贵州等地人民的喜爱，久而久之那些地方便形成了嗜辣的风俗。

与在我国的境遇不同，辣椒在传入欧洲的时候，出于对健康的担心，欧洲人并不怎么吃辣椒。但近年来，随着中国菜在欧洲的流行和人们对辣椒营养价值的深入研究，辣椒又重新成为欧洲人餐桌上的美食。欧洲的辣椒品种繁多，大的、小的、红的、黄的、长的、圆的，甚至还有像玫瑰的既可观赏又可食用的辣椒。一些超市为了让口味不同的人各取所需，还在菜摊旁竖起大牌子，画上一个温度计，按辣的程度把辣椒标出，越红的越辣，让人一目了然。欧洲人吃辣椒的花样也很多，把辣椒做成调味汁佐餐是最普遍的一种方法，所以不管哪顿饭，欧洲人的餐桌上都放着辣椒酱汁。同时，他们还喜欢在各种菜肴中撒上一把红辣椒末，或者在做菜时加入青椒和红椒，就连喝的汤也是火辣辣的。

据植物学家测定，一只新鲜辣椒所含的维生素 C 远远超过一个柑橘或柠檬的含量。此外，辣椒还含有维生素 A，只要每天食 2 只辣椒就能满足人体对维生素 C、维生素 A 的需要。最新研究发现，辣椒不仅本身含有的热量少，而且能够起到抑制饥饿感、强健肌肉、提高智力以及调整情绪的作用。

《英国营养学杂志》的一项研究发现，吃饭时加两勺干辣椒粉的女性，比那些不吃辣椒的女性吸收的热量和脂肪量都要少得多；美国南卡罗来纳大学的研究者们认为，辣椒中的姜黄色素能帮助肌肉在大量运动后恢复正常。因此，在进行大量运动前可以吃些辣椒；美国加州大学的一项研究发现，辣椒中的姜黄色素还能帮助大脑进行“大扫除”，从而有效防止老年痴呆的发生。美国纽约大学的科学家们认为，辣椒素能激发人口腔内的“疼痛感受器”，继而向大脑发出一种信号，使大脑分泌出一种让人感觉良好的化学物质。这种物质不仅能缓和辣味带给人的刺激，而且能有效改善人的情绪，使人心情愉悦。如果你想让自己心情好一些，不妨试着在沙拉或汤里加点辣椒吧，看看能不能收到意外的效果。

知识链接

植物的辣味，原因复杂。辣椒的辣是因其含有辣椒素；烟草的辣，是因其含有烟碱；生萝卜的辣，是其中含有一种芥子油；生姜的辣是姜辣素作用的结果；而大蒜是含有一种有特殊气味的大蒜辣素。对辣的感觉是各味蕾共同作用的结果，所以吃辣的食物就能满口生辣。

“水果之王”猕猴桃

在全世界数十万种高等植物中，供人类食用、饲料用、工业用、药用、观赏用的植物约 1 万种，其余则是暂时还没有发现用途的野生植物。暂时没有发现它的用途，不等于永远无用。历史上有很多曾被认为无用的植物，由于人们后来的发现而身价百倍，被誉为“水果之王”的中华猕猴桃，就是这样一个典型的例子。

猕猴桃是一种落叶蔓性灌木，高约 5 ～ 8 米。其叶圆形如纸样薄，其花初为乳白色，后变为黄色，雅丽可爱。其果 8 ～ 10 月成熟，圆形或长圆形，肉质多浆，清香奇美。

我国是猕猴桃的故乡，在久远的过去，野生猕猴桃就是生长在我国大江南北的山地里，自生自落，任猕猴采食。猕猴桃进入人类生活大约是在 1000 多年前，唐代诗人岑参曾有“中庭井阑上，一架猕猴桃”的诗句。明代药学家曾有“其形像梨、其色如桃，而猕猴喜食，故有其名”的说法。

猕猴桃最早为外人所识是在 1899 年，当时，英国一家著名花卉种苗公司派出的园艺学家威尔逊在中国湖北的西部引种植物时，很快注意到这种花丛美丽、果实味美的果树，并将它引种到英国和美国。但当时英国和美国并没有把猕猴桃转化成商业果品。在他们看来，猕猴桃只是一种受欢迎

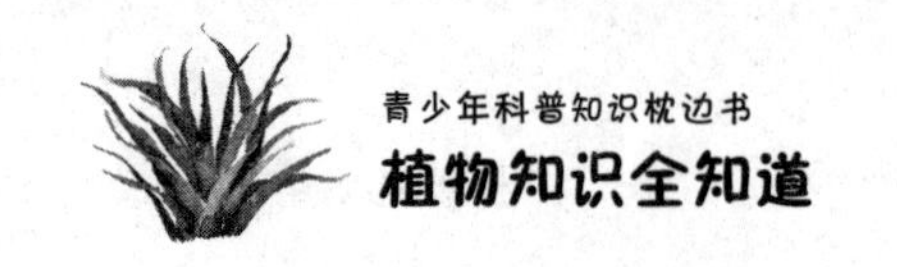

的观赏植物。在威尔逊把猕猴桃引入西方的同时，他也把这种野果介绍给了在湖北宜昌的西方人，结果大受欢迎。因为他们觉得猕猴桃的味道像西方久已栽培的醋栗，所以这些西方人就管猕猴桃叫“宜昌醋栗”。

1903年，一个名叫伊莎贝尔的新西兰女教师利用假期来到湖北宜昌看望她的姐妹。回国时，伊莎贝尔带回去了一些猕猴桃的种子。1910年，猕猴桃在新西兰一位农场主的果园里开花结果。由于猕猴桃的味道符合当地人的口味，所以新西兰人不断地对猕猴桃进行驯化和品种改良。加上土壤和气候条件的适宜，猕猴桃的种植在新西兰取得了成功。到了1940年，新西兰北岛的几个果园的猕猴桃已有可观的产量。1952年，猕猴桃鲜果首次出口到英国伦敦。此后，由新西兰培育出来的猕猴桃品种还被逐渐引种到澳大利亚、美国、丹麦、德国、荷兰、南非、法国、意大利和日本等国，猕猴桃也由此成为世界上一种新兴的果树品种。如今，猕猴桃是新西兰的国宝。

猕猴桃维生素C含量极为丰富，比柑橘高5～10倍，比苹果高20～28倍。此外还含有8%～16%的葡萄糖以及柠檬酸等。因此，用猕猴桃加工制成的罐头、酱、汁、脯、晶及酒、糕等食品，既是老弱病人、儿童的滋补品，也是高空、航海、井下、高原和牧区等特殊作业人员的高级营养品。

猕猴桃还具有相当的药用价值。除果实对人体中某些疾病，如心脏病、肝炎、肠功能紊乱等有一定疗效外，其根有清热利水、散瘀止血的功能；叶能止外伤出血，同时也是上好的青饲料；树皮可以造纸。近年来，经临床验证，中华猕猴桃还有一定的抗癌作用。由于猕猴桃的花蜜腺发达，芳香而美观，是一种蜜源植物，并可以提取香料。

猕猴桃的茎皮及髓中含有胶液，可经水浸泡后可提取。这种植物胶，除了用于造纸、印染、化工等工业部门外，在建筑工程上具有就地取材、施工简便、造价低廉、坚固耐用、干燥防潮、富有弹性和光亮美观等特点，深受群众欢迎。

知识链接 >>>

猕猴桃虽称其桃，但和桃并非一家，桃属蔷薇科，而猕猴桃自成一科，叫猕猴桃科。在这个家庭里共有57个成员，我国已发现55个。其中，软枣猕猴桃、金花猕猴桃、毛花猕猴桃、润叶猕猴桃和中华猕猴桃的果实用于加工和鲜食。中华猕猴桃的经济价值很高，分布最广。

岭南“果王”荔枝

荔枝是中国岭南佳果，色、香、味皆美，驰名中外，有“果王”之称。它与香蕉、菠萝、龙眼一同号称“南国四大果品”。

我国是世界上栽培荔枝最早的国家，在我国又以广东较早。在古文献中，荔枝最先名为“离支”，见于公元前2世纪后期司马相如的《上林赋》中，后来又写作荔枝。据记载：汉刘邦称帝时，收到南海尉赵佗自岭南进奉的荔枝，很高兴，后来他的曾孙刘彻攻破南越，取岭南荔枝百株移植到陕西，并建“扶荔宫”，连年移植不息，后因水土不适，终止移植。可见，远在公元前3世纪，南海一带已广种荔枝。到了唐代，荔枝仍然被列为贡品。杜牧名诗“一骑红尘妃子笑，无人知是荔枝来”千古传诵。苏东坡“日啖荔枝三百颗，不辞长作岭南人”同样风靡至今。

荔枝属于无患子科荔枝属，为高大常绿乔木，高可达20米。每年的5～8月，就可以看到红色的荔枝挂在枝头，鲜艳悦目的果实上装点着粒粒小瘤体，显得别有一番趣味。除去果皮后露出凝脂般的果肉，更让人垂涎欲滴。

荔枝树可说是世界上最长寿的果树之一，在福建省莆田市内，有一棵唐朝时候的古荔枝树，名叫“宋金香”，已有1200多年的历史了。这棵老树至今仍生机勃勃，枝繁叶茂，果实累累。它不仅是最老的荔枝树，也是世界上罕见的高龄多产果树。在漫长的岁月里，“宋金香”经受了严寒、台风和烈火等恶劣环境的摧残和考验，多次衰败下去，而又复壮起来。现在，这棵树有两个主干，高6.4米，树冠直径为南北8.9米、东西7.17米，覆盖地面60多平方米。一般年景能采收荔枝100多斤，丰收年可采收350多斤，真是老当益壮。

“宋金香”素以果实品质优良而闻名于世，它的果实皮呈鲜红色，薄而脆，单果重为12～14克，吃起来脆滑无渣，甜香可口。经过分析，果肉含糖12.5%，含果酸0.9%，还含有大量的维生素C，果实的质地比其他所有的品种都好。“宋金香”古荔，在欧美评价很高。1903年和1906年，美国有个叫蒲鲁士的教士先后两次从莆田运走他培育的“宋金香”的树苗，并在美国佛罗里达州试栽成功，而且推广到南部各州以及巴西、古巴等国。现在美国等国所种的荔枝，都可以说是“宋金香”的子孙后代。美国人称“宋金香”是“果中之王”和“果中皇后”。现今“宋金香”这棵千年古荔，已被列为福建省莆田市重点保护文物。

荔枝的品种很多，大约100多种。在我国最早的荔枝专著——宋代蔡襄编撰的《荔枝谱》中，已经记录有32个品种，明代增加至70多个，而今已有100个以上的品种。

荔枝含有丰富的糖分、蛋白质、多种维生素、脂肪、柠檬酸、果胶以及磷、铁和多种微量元素，是对人体有益的水果。一般人群均可食用，尤其适合产妇、老人、体质虚弱者、病后调养者食用；贫血、胃寒和口臭者也很适合。但要注意的是，大量进食荔枝又很少吃饭的话，极容易引发突发性低血糖症，出现头晕、口渴、恶心、出汗、肚子疼、心慌等现象，严重者会发生昏迷、抽搐、呼吸不规则、心律不齐等，这些症状就是大量食用荔枝后产生的突发性低血糖，医学上称之为荔枝急性中毒，也称“荔枝病”。

知识链接

无患子科共有150属、2000种左右，主产于热带、亚热带地区。无患子是本科在中国的代表种，因为它那厚肉质状的果皮含有皂素，只要用水搓揉便会产生泡沫，可用于清洗，是古代的主要清洁剂之一。无患子科中的名种首推荔枝，此外，龙眼和红毛丹、毛荔枝等，均是荔枝的亲缘植物。

“果中玛瑙”杨梅

每年立夏过后，我国江南各地瓜果纷纷登场，其中最耀眼的当属被人们称为“果中玛瑙”的杨梅。酸甜可口的杨梅，叫人一看就不自觉地口内生津。

杨梅是原产我国的一种亚热带水果，也是我国历史悠久的果树之一。研究人员曾在浙江余姚境内发掘的新石器时代的河姆渡遗址发现杨梅属花粉，说明在7000多年以前该地区就有杨梅生长。现在，杨梅主要生长在云南、贵州、浙江、江苏、福建、广东、湖南、广西、江西、四川、安徽、台湾等地，其中以浙江的栽培面积最大，品种质量最优，产量也最高。另外，杨梅在日本和韩国也有少量栽培，东南亚各国如印度、缅甸、越南、菲律宾等国也有分布，但因其果形小、味酸，多种植在庭院供作观赏，或作糖渍食用，没有作为经济果树栽培。因此，杨梅是我国南方的特色水果。

杨梅树是一种常绿乔木，高可达12米，是一种易于栽培、经济寿命很长的果树。在杨梅的主产地——浙江兰溪、余姚、慈溪种植的杨梅树一般4～5年即可挂果，8年后进入盛果期，株产量50～80公斤，大树株产高的达300公斤，最高达到500公斤，连片种植平均亩产1000公斤，高的可达2000公斤，经济效益十分可观，因此，被人们誉为“摇钱树”。

杨梅是一种典型的风媒传粉植物。它的花是单性的，花瓣和萼片都退

化了。雄花只剩下 4 ～ 8 个雄蕊，很多细小的雄花密密地排在一个细瘦而带点弯垂的轴上，植物学上叫作葇荑花序。雌花更简单，只有一个雌蕊，多朵雌花排列在一个短短的轴上。杨梅花的这种构造和排列方式，对于利用风力传送花粉是十分有利的。在杨梅开花的季节，微风吹过，雄花序便随风摆动，而雄蕊产生的花粉很干燥，且小而轻，由于没有花瓣和萼片的阻碍，很容易被风吹走。花粉在空中随风飘荡，其中有些就被吹到了雌花的柱头上。杨梅的雄花很多，因而释放出来的花粉也特别多，在开花的季节里，生长杨梅的地方，空气中到处都有花粉飘荡。杨梅每一个雌蕊只含一颗胚株，只要有一粒花粉粘到它的柱头上，就能够满足它产生种子的需要。因此，在种植杨梅时，既要有雄株，又要有雌株，否则不能结果。

杨梅一般 2 月开花结果，5 月成熟。杨梅的果实是球形的，直径约有 1.5 ～ 2 厘米，成熟时，为紫红色、深红色和白色，因其形似水杨子，味道似梅子，故取名杨梅。杨梅的外果皮上密生着许多柱状的肉质囊状体，内富含液汁，其味酸甜适中并有生津、止渴、助消化、除湿、止泻之功效，所以在江南历来就有“杨梅医百病”的说法。因为杨梅很娇贵，有“一日味变，二日色变，三日全变”的说法。所以人们习惯把上等的杨梅浸泡在优质白酒中制成杨梅酒。这种酒酒色微红，不仅可与葡萄酒媲美，还是夏日防暑的“灵丹妙药”。

现在，随着科学技术的不断发展，品种的选育、品质的提高、成熟期的拉长以及包装、保鲜和加工业的兴起，无论国内国际，杨梅的市场前景都十分广阔。

知识链接 >>>

杨梅虽称其为“梅”，但和梅花以及草莓却不是一家子。梅花和草莓倒是近亲，同属于蔷薇科，而杨梅却属于杨梅科杨梅属植物，该属有 50 多个种，我国已知的有杨梅、毛杨梅、青杨梅和矮杨梅等，经济栽培主要是杨梅。

“绵羊果”棉花

“五月棉花秀，八月棉花干。花开天下暖，花落天下寒。”这首脍炙人口的民谣，道出了棉花的作用。棉花是哪里来的？它又是怎样被纺成纱、织成布的呢？

棉花是锦葵科棉属植物的种子纤维。植株灌木状，在热带地区栽培可长到 6 米高，一般为 1 ～ 2 米。棉花开花后不久会留下小型的绿色蒴果，称为棉铃。棉铃内有棉籽，棉籽上的茸毛从棉籽表皮长出，塞满棉铃内部。棉铃成熟时裂开，露出长约 2 ～ 4 厘米的纤维，这就是棉花。

棉花的“老家”在南美洲的秘鲁和亚洲的印度。早在四五千年前，当地人民就开始种植它了。棉花还有个雅号叫“绵羊果”。也许是它能结出一种白色绒毛像羊毛似的果实，而且暖暖的也像羊毛一样，所以叫作“绵羊果”。公元前 2500 年，亚历山大东征到印度时，棉花随之传到欧洲。从此，欧洲人才开始认识并种植这种可以衣被天下的“绵羊果”。欧洲人见它结出的果实有软绵绵、令人舒适的感觉，所以给它起名为“棉花”。

棉花在我国也有着悠久的历史。在距今约 4000 年前的夏禹时代，海南岛少数民族首领将棉花作为礼品贡奉给中原君主夏禹，那时海南岛上的人

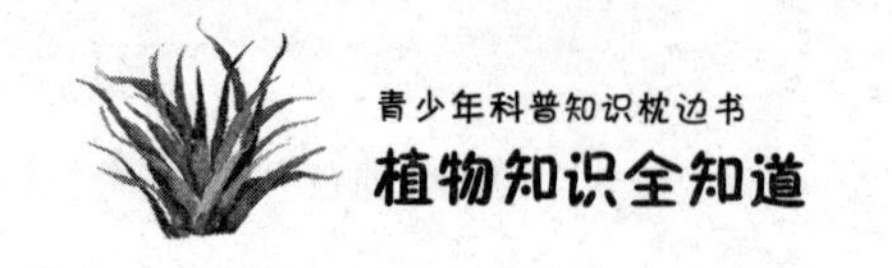

们不仅能种植棉花，而且能用简单的方法制成粗布——幅布了。在秦汉时，中原统治者常常勒令海南少数民族进贡这种幅布。到了三国时，棉花种植已经遍及两广和福建等南方各省，唐宋以后，更是遍及长江中下游地区。纺织染色技术也都有了进一步提高。这时，有一个最值得人们称颂的女纺织革新家名垂青史，她就是江苏松江县的黄道婆。

黄道婆生于南宋末年间，是松江泥乌泾镇（今上海市徐汇区华泾镇）人。她出身贫困，为生活所迫，十二三岁起就给人当童养媳。白天干活，晚上纺纱织布，担负着繁重的劳动。当时的纺车是脚踏的，很笨重，对一个十二三岁的女孩来说，这活计无论如何也是十分繁重的。黄道婆的公婆对她不好，丈夫也要打骂她。一次她被公婆、丈夫毒打后锁进柴房，她再也忍受不了这种非人的生活，决心逃出去寻找活路。半夜，她在墙上掏了个洞，逃了出去，躲进一条停泊在黄浦江边的海船上，随船来到海南岛南端的崖州（今海南省三亚市崖州区）。热情好客的黎族同胞十分同情黄道婆，不仅在生活上无微不至地照顾她，而且把他们的纺织技术毫无保留地传授给她。

在当时，云南和海南岛的兄弟民族，已积累了一套棉花纺织加工技术，就纺车来看，已有直径在 30 ～ 40 厘米的小竹轮纺车，以适应棉纤维比丝麻纤维短的纺纱需要。岛上的黎族妇女几乎都会纺纱织布，她们织的彩色床单和围布尤为精美，经常远销内地，很受人们欢迎。

黄道婆看到黎族妇女的技术比自己家乡要先进得多，就虚心求学，并融合黎、汉两族人民纺织技术的特点，逐渐成为一个出色的纺织能手。

时光流逝，黄道婆由少女变成了中年妇女，思乡之情日深。公元 1295 年，她带着黎族人民的深情厚谊和先进的纺织技术终于回到了阔别已久的乌泥泾。这时候，元王朝的统治者重税勒索，要长江流域的江苏、浙江、江西等棉花种植区每年交纳 10 万匹棉布，江南人民的苦难更加深重。黄道婆带回的纺织先进工具和技术，使这里的棉纺织业发生了一场重大的变革。

乌泥泾的妇女在黄道婆的热情指导下，学会了织被、褥、带、幔等棉织品，在这些棉织品上缀有折枝、团凤、棋局、字样等各种美丽的图案，鲜艳夺目，栩栩如生。附近上海、松江、青浦、太仓、苏杭等县竞相仿效，产品远销各地，备受欢迎，特别是她们织的被更是质量精美，被人们誉为“乌泥泾被”而驰名全国。松江一带因此成为全国棉织业的中心，历经几百年而不衰。18 ～ 19 世纪松江布更是远销欧、美，获得很高的声誉。人们称颂“松郡棉衣、衣被天下”。

翻开中国古代的纺织工艺技术史，我国古代女纺织革新家黄道婆改革棉纺织业的功绩应占一席之地。她去世后，家乡的人民为她举行公葬，还在镇上替她修了祠堂——先棉祠，以表达劳动人民对她的怀念和敬佩。

知识链接>>>

棉花的花朵会变色，早晨是白色的，不久后会变成黄色，到下午会变成粉红色。第二天，会变得更红或是紫色，最后会变成灰褐色，然后脱落。棉花花瓣的这种变色本领是因为它的花瓣里含有各种各样的色素，随着太阳光的照射和温度的变化，色素也跟着发生变化。某一阶段时哪一种色素表现的条件最成熟，花瓣就显示出哪一种颜色。

糖源植物之最

水果，大家都爱吃。在常见的水果中，大多数都带有甜味，但却没有糖甜，如西瓜的甜度为糖的4%，梨的甜度为糖的12%。众所周知，糖是用甘蔗或甜菜为原料制成的。经测定，这种食糖由于含脂肪等物质，热量高，容易使人发胖。为此，科学家早就在努力寻找糖源植物了。那么，在自然界有没有比糖更甜的植物呢？

1969年，日本的住田哲也教授在巴西和巴拉圭交界的高山草地上发现了一种叫甜叶菊的菊科植物，它是一种多年生草本植物，每年9月开出许多白色的小花，格外引人注目。其实，在住田哲也之前，当地人早就知道这种植物是甜的了，他们叫它为“甜草”“蜜菊”，用它来泡茶喝。住田哲也发现甜叶菊以后，开始尝试将这种野生植物变为栽培植物，甜叶菊生长很快，第一年就能长到80厘米高，第二年便高达2米了。收割时，将离地10厘米的干茎割去以后它又可重新萌发，长了再割，这样一年可以收割4次以上。由于甜菊要比目前的食糖甜150～300倍，因此，大约每亩甜叶菊可抵得上10～20亩甜菜，是一种十分合算的糖源植物。使人们惊喜的是，甜叶菊具有热量低的特点，它的含热量只有蔗糖的1/300，吃了不会使人发胖，对肥胖症患者和糖尿病人尤为适宜。长期用甜叶菊煮水喝，还有降低血压、促进新陈代谢和强壮身体的功效。现在，甜叶菊已经作为一种新的糖源植物引起了世界各国的注意，不少国家和地区正在引种并推广。

甜叶菊并不是世界上最甜的植物。在西非塞拉利昂到刚果民主共和国的热带雨林中，有一种特别甜的植物——凯特米，这种植物高约 2 米，成熟的果实是红色的三角锥形，一年可收两次。当地的居民很早就将它作为一种甜料来食用了。人们把它的皮浸泡在水中，水就变得很甜了。1841 年，有个英国外科医生曾在西方介绍过凯特米，但并未引起人们的注意。直到 100 多年后，在寻找食糖代用品的热潮中，才有人重新想起了它。科学家从凯特米中提取出一种叫索马丁的物质，它的甜度竟比食糖要甜 3000 倍，被誉为“甜王”。以后，科学家们又在热带森林里发现了一种叫“西非竹芋”的草本植物，它的叶片宽大，在靠近地面处开花结果。果实红色、扁平，长约 2.5 厘米，宽约 2 厘米，在种子周围有少量果肉，它的果肉比糖甜 3 万倍，比索马丁还高 10 倍。

这是不是世界上最甜的植物了呢？不是。在非洲还有一种藤本植物，长 4 米左右，叶瓣呈心形，结出的果实为红珊瑚色，非常好看。每穗有 40 ～ 60 个浆果，看上去仿佛是串红葡萄。果实长圆形，长约 1 厘米，直径约 8 毫米，里面有一个大种子，种子外边的果肉甜得令人吃惊，要比蔗糖甜 9 万倍。十分有趣的是，尽管这种果实甜得叫人难以相信，可是吃起来却感到甜度适中，十分鲜美可口，而吃后嘴里很长时间内都感觉到有甜味。因此，当地居民给它起了一个美妙的名字，叫它“喜出望外果”。

“喜出望外果”仍然称不上是“甜王”。20 世纪 80 年代初，科学家在非洲的加纳热带森林中发现了一种叫“卡坦菲”的植物，用它提取的“卡坦菲精”，其甜度竟是食糖的 60 万倍！卡坦菲可说是目前世界的“甜王”了，不过它能占据这宝座多少年呢？让我们拭目以待吧。

知识链接

近年来，科学家们从6种植物中发现了高甜度的新型甜味剂——植物甜味蛋白，它不仅甜度高、产生的热量少、可以防止肥胖，更重要的是这类甜味蛋白既无毒性，又不会使人产生龋齿，食用十分安全。

“沙漠英雄花”仙人掌

水是植物的命根子。在异常干旱的沙漠地区，水分偏偏又是奇缺，不要说人类难以在那里居住，就连其他生物也是极其稀少。可是，耗水极省的仙人掌类植物，被赋予了得天独厚的抗旱本领，能在这里生存，被人们称为“沙漠英雄花”。

仙人掌的老家在南美和墨西哥，它的祖辈们面对严酷的干旱环境，与滚滚黄沙斗，与少雨缺水、冷热多变的气候斗，千千万万年过去了，它们终于在沙漠站稳了脚跟，然而体态却变了样：叶子不见了，茎干成为肉质、多浆、多刺的了。这种变化对仙人掌类植物大有好处。大家知道，植物的喝水量很大，它喝的水大部分被蒸腾作用消耗，叶子是主要的蒸腾部位，大部分水分都要从这里跑掉。据统计，每吸收100克水，大约有99克通过蒸腾跑掉，只有1克保持在体内。在干旱的环境里，水分来之不易，哪里承受得起这样巨额支出呢？为对付酷旱，仙人掌的叶子退化了，有的甚至变成针状或刺状，这就从根本上减少了蒸腾面和水分开支。

仙人掌有着顽强的生命力。19世纪末，澳大利亚的昆士兰州有人从美国南部一些州引进了两种仙人掌，当地人本是为了用它们作为牧场四周的

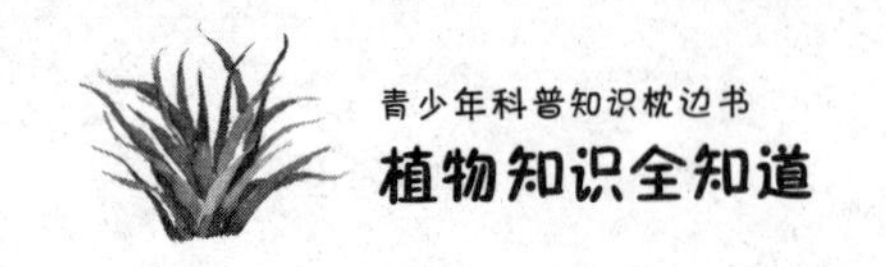

绿篱栅的，可令人始料不及的是这种生命力极强的多刺植物一遇到当地异常适宜的生长条件，便以惊人的速度繁衍起来。几颗种子不用多久便长成一大片“带刺的丛林”。为了消除这场人为造成的“绿祸”，当地政府和广大居民决心齐心协力铲除仙人掌，谁知竟弄巧成拙，被铲断的仙人掌一分为二地生长，反而加速了仙人掌的生长。这可如何是好？最后还是生物学家提出了有效的方案，他们到阿根廷等地引进了一种毛虫，用这种专吃仙人掌叶冠的毛虫才最终遏制了仙人掌的蔓延。

其实，仙人掌在大多数情况下对人类是友好的。目前，它被认为是绝好的多功能植物。大多数仙人掌类植物都可以吃。在拉丁美洲，人们把仙人掌的嫩茎切成小块凉拌，吃起来像生拌莴笋一样清脆爽口。生活在玻利维亚高原上的印第安人，把一种小球形的仙人掌类植物剥皮后，像烹饪马铃薯一样食用。在巴西北部的很多地区，农民生食或晒干食用仙人掌类植物龙神柱的水浆果。晒干后的浆果同葡萄干很相似。在美国南部的一些地区，人们用某些仙人掌类的果实制成别具风味的果酱，叫作“草莓仙人掌”。生长在美国西南部干旱地区高大的巨人柱及其他仙人掌类果实发酵后，可制成酒类饮料。墨西哥人则把它的茎肉切成小块，放在糖液中浸渍，制成好吃的蜜饯。美国市场上出售的仙人掌蜜饯，就是用它的茎肉加工制作的。

仙人掌类植物不仅可当蔬菜、水果食用，而且还可以用作药物。我国民间很早就把仙人掌入药，用于清热解毒、消肿止痛，外敷治烫火伤、蛇伤、湿疹、腮腺炎、疮疖痈肿；内服治痢疾、胃痛等。国外有人从中提取一种生物碱，可用于治疗某些心脏病。

由于美洲一些干旱地区，木材比较缺乏，某些高大的仙人掌类植物便成了盖房和制作轻便家具的材料。我国西南地区农民还常在住宅周围种植仙人掌，让它成为一道绿色的篱笆。仙人掌的刺，墨西哥人用它制牙签、唱针或鱼钩。另外，许多仙人掌的肉质茎中含有胶黏物质，有净水效果，是野外工作中的水源净化剂。欧洲有人用仙人掌和其他原料配制成护肤面油，很受消费者的欢迎。从仙人掌果实中提取的红色素，可作食品染色剂。

由此可见，仙人掌除了具有观赏性外，还有许多其他的用途，不愧是多功能植物中的佼佼者。

全世界约有2000种仙人掌类植物，多产于热带和亚热带干旱沙漠地区，其中又以北美洲的墨西哥分布的种类最多，有500多种，所以墨西哥有“仙人掌王国”之称。仙人掌也是墨西哥的国花。

“月下美人”昙花

人们常用“昙花一现”来形容出现不久、顷刻消逝的事物。为什么用昙花一现来比喻呢？因为昙花的花开起来大而美丽，白天不开花，要在晚上八九点钟以后才开，通常花开 3 ～ 4 小时即谢，由于昙花开花的时间很短，开后不久即谢，故称“昙花一现”。

夏秋时节夜深人静之时，正是昙花开花、展现它的芳容之时。晚上 9 点左右是它展现迷人芳姿最多的时候，紫色的花柄平托起很大的一朵昙花，洁白的花瓣整齐地一层包着一层，沉甸甸压枝欲断的花朵颤悠悠地抖动着。在颤动中花瓣缓慢地打开，舒展，露出了漂亮的面容。密而细白的花丝从花蕊中旋转地伸出来，花丝的顶部是黄色的略膨大的花药，这便是雄蕊。昙花的雌蕊长得很特别，被包围在雄蕊中，比花丝略粗，也呈白色，尤其是顶端的柱头，开着一朵小小的类似菊花的白花，高雅，洁白，娇媚，高傲地仰着头，绽放开来。整个花朵优美淡雅，香气四溢，光彩照人，因此享有“月下美人”之誉。

关于昙花为什么只在晚上开花几个小时的原因，一般认为，应当从它的原产地的气候条件来理解。昙花原产于美洲热带的墨西哥沙漠中，那里既干且热，经过长期对自然条件的适应，昙花锻炼成不怕干旱的特性。昙花的叶退化成很小的针状，以减少水分的蒸腾，白天气温高，水的蒸发量大，植株得不到足够的水分来进行花的开放，等晚上气温较低和蒸发量较少的情况下，才能取得足够的水分进行开花。

至于昙花为什么会在开后 3 ～ 4 小时即谢，人们认为这是由于开花时全部花瓣都张开，容易散失水分，而根从沙土中吸收的水分又有限，不能长期维持花瓣细胞膨压所需的水分，在水分不足的情况下，花就闭合，花瓣也很快凋谢了。另外，在墨西哥沙漠中，昼夜温差较大，昙花在晚上八九点钟以后才开花，可能也与当地的温度有关，晚上八九点钟以前的高温和半夜后的低温对开花都不利。它在晚上八九点钟开花 3 ～ 4 小时，避开了高温和低温的时段，这样对它开花最有利。昙花在长期自然选择过程中形成的遗传特性，就这样一直保留到现在。

我们能否使昙花在白天开花呢？实验证明是可以的。如今，人们可以想办法促使昙花在白天开花。花卉园艺学家采用以下“偷天换日”“颠倒昼夜”的科学办法予以实现。在它的花蕾长到 10 厘米时，每天上午 7 点把整株昙花搬进暗室里，造成无光亮的环境。到傍晚 8 ～ 9 点，用 100 ～ 200 瓦的电灯进行人工照射，这样处理 7 ～ 10 天后，昙花就能在白天，即上午 7 ～ 9 点开放了，并能从上午一直开放到下午 5 点，才完全闭合。

事实上，各种植物的开花时间和花期的长短，都有一定的规律，例如午时花在上午开花，晚上花落；牵牛花在早上开花，中午花谢，各有各的特性。还有不少仙人掌科植物也是在晚上才开花的，开花的时间也很短，不过它们的花小，栽培不多，不如昙花那样引人注意罢了。

知识链接 >>>

花按一定时间开放，是植物在生长发育过程中与生态环境长期适应的结果，也可以说是自然选择的产物。这样便可以防止被阳光灼伤、被霜露冻坏或者遭到昆虫的伤害。这些经验经过长期积累，转化成遗传信息，最终成为了一种牢固的生活习性。

“茶族皇后”金花茶

山茶花是我国特有的传统名花，早在唐代就已经成了人们喜爱的名贵的观赏植物。17世纪，山茶花被引入欧洲后造成轰动，获得了“世界名花”的美名。山茶花中最为名贵的是被称为“茶族皇后”的金花茶。

世界上有200多种茶属植物，然而在白、红、粉、紫、绿、墨等花色中，唯独没有金黄色！国内外的植物学家用种种方法试图培育和诱变出黄色茶花，但一次又一次的尝试都以失败而告终。20世纪40年代，日本一位植物学家为了寻找传说中黄色的山茶花踏遍了整个印支半岛，但最终空手而归。1960年，广西药物研究所的学者在十万大山采集标本时发现了大面积金黄色茶花。这一消息震惊了世界，国内外学者纷纷进入中国考察。1965年，我国著名植物学家胡先骕以其能开出金黄色花朵的特点，命名这一珍稀植物为“金花茶”。从此金花茶一举成名，震惊世界花坛。金花茶的发现轰动了全球园艺界、新闻界，受到了国内外园艺学家的高度重视，认为它是培育金黄色山茶花品种的最优良原始材料。

金花茶属于山茶科山茶属，与茶、山茶、南山茶、油茶、茶梅等为孪生姐妹。金花茶为常绿灌木或小乔木，高 2 ～ 5 米，其枝条疏松，树皮淡灰黄色，叶深绿色，如皮革般厚实，狭长圆形。金花茶的花呈金黄色，耀眼夺目，仿佛涂着一层蜡，晶莹而油润，似有半透明之感。花开时，有杯状的、壶状的、碗状的，娇艳多姿，秀丽雅致。

金花茶的分布极其狭窄，全世界 90% 的野生金花茶仅分布于我国广西防城港市十万大山的兰山支脉一带。在自然情况下，金花茶为深根性植物，侧根少，所以直接挖苗移栽很难成活，用种子育苗则较好繁殖，不过种子苗发育时间长，要 10 年左右才能开花，所以金花茶数量极其有限。另外，它又是世界花坛中唯一具有金黄色花瓣、色泽能够遗传的种质资源，所以被我国列为八种国家一级保护珍稀植物之一。国外则称之为“幻想中的黄色山茶”“东方魔茶”。

金花茶浑身都是宝，它的花、果、叶、枝均有极高的经济价值。其花除作观赏外，还可入药。它的叶子除泡茶作饮料外，也有药用价值。此外，其种子尚可榨油、食用或工业上用作润滑油及其他溶剂的原料。金花茶的木材质地坚硬，结构致密，可雕刻精美的工艺品及其他器具。

为了使金花茶这一国宝更好地繁衍生息，我国在广西防城港建成了国家级野生金花茶自然保护区。目前，全世界已发现金花茶 23 种，防城港就有 21 种。近年来，我国园林工作者已经开始对金花茶的引种与资源保护进行研究，并且已经成功地用种子育苗及嫁接等方法进行扩大繁殖，在广西南宁、云南昆明等地，均已引种成功。

知识链接 >>>

我国有 354 种重点保护植物，其中被列为国家一级保护的珍稀植物有 8 种。它们是：银杉、珙桐、水杉、桫椤、秃杉、金花茶、人参和望天树。其中，桫椤属于蕨类植物，银杉、水杉、秃杉属于裸子植物，金花茶、珙桐、人参、望天树属于被子植物。

“花中之王”玫瑰

在蔷薇科植物中，有三种著名的花卉，那就是被称为三朵姐妹花的玫瑰、月季和蔷薇。古今中外，人们常常在诗歌、散文中赞美这三朵姐妹花。论高贵要数月季，论飘逸潇洒应数蔷薇，但论起香气、历史和名声来，则还得数素有“花中之王”美誉的玫瑰。

玫瑰是世界上最古老的栽培花卉之一，欧洲从古巴比伦时代已经开始栽培玫瑰，在罗马时代经常作为祭祀用品。但是，在 17 世纪以前，欧洲栽培的玫瑰都是由小亚细亚以西原产的原种改良培育而成，大部分栽培品种都是一年一次开花性、重瓣、不耐寒、花色单调、无香味。17 世纪末，亚洲的中国月季、香水月季、野蔷薇、光叶蔷薇、野玫瑰等原种相继传入法国，通过与当地的玫瑰进行反复杂交，法国于 1837 年培育出了具有芳香、四季开花性的杂交品系。

关于玫瑰，有许多传说。欧洲人说，玫瑰是与爱神维纳斯同时诞生的。基督教传说，耶稣被钉在十字架上的时候，鲜血滴到地上，于是地上长出了一朵红色的玫瑰花。伊斯兰教传说，穆罕默德的汗水洒在地上，变成了稻谷和玫瑰花。现在，玫瑰被人们看作是圣洁、完美、幸福和纯真爱情的象征。英国人和美国人习惯把玫瑰花作为馈赠礼物，情人们更以互赠玫瑰表达爱情。

虽然玫瑰常被看作是“爱情之花”和“友谊之花”，但在15世纪时，英国却发生过一场长达30多年的以“玫瑰”为名的战争。当时，互相敌对的约克家族和兰加斯特家族为了争夺王位彼此攻杀，兰加斯特家族以红玫瑰为徽章，约克家族则以白玫瑰为标志，因此这场长期的流血战争在历史上被叫作“玫瑰战争”。后来两个家族和好了，合为一个家族而主持王位，便以红玫瑰作为王室的标记。从那以后，红玫瑰一直是英格兰王室的标记，而英国的国花，也正是从王室所用的图案标记而来的。除了英国外，把玫瑰作为国花的还有美国、西班牙、卢森堡、保加利亚、伊朗、伊拉克、叙利亚等国家。

保加利亚是誉满天下的“玫瑰之国”，每年6月的第一个星期日为传统民族节日——玫瑰节，人们到玫瑰谷举行盛大的庆祝活动。他们认为绚丽、芬芳、雅洁的玫瑰花象征着保加利亚人民的勤劳、智慧和酷爱大自然的精神。玫瑰遍身芒刺是保加利亚人民在奥斯曼帝国、纳粹德国面前英勇不屈与坚韧不拔的化身。

玫瑰除供观赏外，还有极高的经济价值，其花朵可用于提炼玫瑰油。说起玫瑰油，还有一个有趣的故事呢！早在1612年，莫卧儿皇帝杰流·高尔同玛赫尔公主结婚时，为了讲排场，曾令人在宫廷的花园里挖筑一条别致的小水渠灌满香气扑鼻的玫瑰花泡制的香水，以取悦赴宴的各国宾客。婚后的第二天，皇帝和皇后来到花园里，沿着渠边漫步。走着走着，渐渐觉得水里散发的香气沁人心脾，越来越浓郁。突然新娘发现玫瑰水面上，有一颗晶莹透亮的大水珠，她弯下腰来观赏，顿时觉得香气熏人。皇帝亲自将其舀进瓶子里，带到房中，一连几个月，房间里都香气弥漫袭人。原来，这是一颗由玫瑰水凝结而成的玫瑰油珠。从此，皇帝请来工匠，为皇后收集玫瑰油珠，作为化妆品。在实践中，工匠掌握了从玫瑰水里提炼玫瑰油的工艺。皇后则使用玫瑰油作为邦交的馈赠。从此，玫瑰油传遍世界各地。

玫瑰油的提炼非常不易，每一万公斤玫瑰鲜花才能提炼三四公斤的玫瑰精油。玫瑰花的采摘也非常讲究，一般采摘半开放的花朵，因其含油率最高。采摘时间通常在清晨至上午 10 点以前，下午的含油量低，阴天比晴天的产油量高。而且玫瑰花的香味浓郁甜醇，柔和持久，因此市场价格十分昂贵。500 克玫瑰精油大约值 750 克黄金，可说是贵比黄金，故玫瑰又有“金花”之称。

知识链接 >>>

由于长期杂交育种的结果，玫瑰、月季和蔷薇形成了“你中有我，我中有你”的纷繁品系，不容易区分。在英语中，玫瑰、月季和蔷薇名称相同。在我国，人们习惯把花朵直径大、单生的品种称为月季，小朵丛生的称为蔷薇，可提炼香精的称玫瑰。

郁金香的故事

荷兰是欧洲的花园，每年大约培育 90 亿株鲜花，而其中郁金香就有 30 亿株。有人推算，如果把这些郁金香全部排列起来，能够围着赤道绕 7 圈，难怪人们把荷兰称为“郁金香王国”。

郁金香是一种球茎草本植物，原产于地中海沿岸、中亚细亚、土耳其。关于荷兰郁金香的历史是从一位名叫克卢修斯的园艺学家开始的。16 世纪，在维也纳皇家花园当园丁的克卢修斯千方百计从出使土耳其的奥地利大使手中得到了美丽的郁金香，并带着它来到了荷兰。此后，荷兰以其独特的气候和土壤条件，很快就成了郁金香的主要栽培国之一。

1630 年前后，荷兰人培育出了一些新奇的郁金香品种，其颜色和花型都深受人们的欢迎。典雅高贵的郁金香新品种很快就风靡了欧洲上层社会。在礼服上别一枝郁金香成为最时髦的服饰。贵夫人在晚礼服上佩戴郁金香珍品成为其显赫地位和身份的象征。王室贵族以及达官富豪们纷纷趋之若鹜，争相购买最稀有的郁金香品种。是在法国盛行的奢侈之风把郁金香的价格逐渐抬高，1635 年秋季，名贵品种郁金香的价格节节上升。在巴黎，一枝最好的郁金香花茎的价钱相当于 110 盎司的黄金。1634 年以后，郁金

香的市场需求量逐渐上升。1636 年 10 月之后，不仅珍贵品种的价格被抬高，几乎所有的郁金香的价格都飞涨不已。在短短一个多月的时间内，郁金香的价格被抬高了十几倍，甚至几十倍。郁金香花达到了空前绝后的辉煌。好景不长，郁金香泡沫只维持了一个冬天，在开春之前，泡沫就崩溃了。郁金香市场一片混乱，价格急剧下降。1739 年的数据显示，有些品种郁金香的价格狂跌到了最高价位的 0.005%。在这个打击之下，荷兰的郁金香投机市场一蹶不振，再也没有恢复过来。不过郁金香的一度辉煌刺激了花农们的积极性，他们不断改进郁金香的种植技术，增加产量，开发新品种。郁金香的栽培技术逐渐被广大民众掌握，产量大幅度增加，价格也稳定在一个合理的范围之内。美丽的郁金香终于从充满铜臭味的投机市场又回到百花园内，并且成为荷兰的国花。

除了荷兰之外，加拿大也是盛产郁金香的国家之一。加拿大首都渥太华每年都要举办盛大的郁金香节，追溯这个号称世界上规模最大的郁金香节的起源，还与荷兰有着历史渊源。

第二次世界大战期间，荷兰被纳粹德国占领。荷兰王室朱莉安娜公主一家来到加拿大首都渥太华避难。1943 年 1 月，朱莉安娜公主怀胎十月即将临产，一件意想不到的事情发生了：加拿大法律规定，出生在加拿大境内的人均自动成为加拿大公民。而根据荷兰王室继承法，皇子或公主必须生于荷兰国土上才能被承认为皇族一员。按当时的情况，朱莉安娜公主不可能回到荷兰。两国政府遇到了一个不大不小的难题。最后，加拿大政府通过了一项法案，把渥太华市民医院一间产房的主权划归荷兰政府所有。1943 年 1 月 19 日，朱莉安娜公主在“荷兰国土”上顺利生下了第三个女儿玛格丽特。

1945 年春天，加拿大军队从意大利转战荷兰，相继攻取了海牙、鹿特丹和阿姆斯特丹等主要城市，并于 5 月 5 日取得了荷兰解放战争的胜利。5 月中旬，朱莉安娜公主回到了阔别数载的祖国。当年秋天，荷兰人民送给加拿大 10 万颗郁金香球根以表达对加拿大将士为荷兰英勇作战的崇敬。这些郁金香球根种在了加拿大首都渥太华国会山的国会大厦前以及伊丽莎白

皇后大道的两侧。1946年，朱莉安娜公主又送来了2万颗郁金香球根以表达她对加拿大人民热情接待荷兰王储的衷心感谢。同年，荷兰议会通过法案，将渥太华市民医院那间产房的“荷兰领土”主权归还加拿大。

1948年，朱莉安娜公主荣登王位。这位新上任的荷兰女王下令从此开始每年赠送加拿大渥太华1万株郁金香。至今，已经有超过100万株郁金香栽种在加拿大首都渥太华的国会山周围。1953年，首届加拿大郁金香节在首都渥太华举办。如今，渥太华郁金香节已成为世界上最大的郁金香节，并为渥太华赢得了“北美郁金香之都”的称号。看来，人们喜欢郁金香不仅是因为它漂亮，还因为它蕴含着深厚的历史和友谊。

知识链接>>>

目前全世界拥有8000多个品种的郁金香，被大量生产的约150种。郁金香色彩艳丽，变化多端，以红、黄、紫色最受人们欢迎，而开黑色花的郁金香被视为稀世奇珍。其实，纯黑的花是没有的。黑郁金香所开的黑花，并不是真正的黑色，只是红到暗紫色罢了。

“花中西施”杜鹃花

每当春回大地，杜鹃花就透着盎然的春意，怒放在游人云集的公园或园林中，令人赏心悦目，心旷神怡。美丽的杜鹃花因此被人们誉为“花中西施”。

杜鹃花一般树高1～2米，大杜鹃树高10～13米，最高达20多米，有“木本花卉之王”的美称。我国是世界上最早栽培杜鹃花的国家，其历史可以追溯到唐代，当时称杜鹃花为映山红、满山红、惊羊红、红踯躅、山石榴等。

我国有不少关于杜鹃花的传说，而历代文人墨客在诗画中的渲染，更为杜鹃花增添了一层迷人的色彩。相传，古代的蜀国是一个和平富庶的国家。那里土地肥沃，物产丰盛，人们丰衣足食，无忧无虑，生活得十分幸福。可是，无忧无虑的富足生活，使人们慢慢地懒惰起来。他们一天到晚醉生梦死，纵情享乐，搞得连播种的时间都忘记了。蜀国的国君，名叫杜宇。他是一个非常负责而且勤勉的君王，他很爱他的百姓。看到人们乐而忘忧，他心急如焚。为了不误农时，每到春播时节，他就四处奔走，催促人们赶快播种，把握春光。可是，如此地年复一年，反而使人们养成了习惯，杜宇不来就不播种了。终于，杜宇积劳成疾，告别了他的百姓。可是他对百姓还是难以忘怀。他的灵魂化为一只小鸟，每到春天，就四处飞翔，发出声声的啼叫：快快布谷，快快布谷。直叫得嘴里流出鲜血。鲜红的血滴洒落在漫山遍野，化成一朵朵美丽的鲜花。人们被感动了，他们开始学习他们的好国君杜宇，变得勤勉和负责。他们把那小鸟叫作杜鹃鸟，把那些鲜血化成的花叫作杜鹃花。

全世界现在已发现的杜鹃花属植物约有900种，我国有其中的500多种，除新疆外南北各小区均有分布。云南西北部的横断山脉更是杜鹃花群芳荟萃之乡，那里处处是漫山遍野美丽的杜鹃花，有的枝叶扶疏，有的千枝百干；有的郁郁葱葱，俊秀挺拔，有的曲若虬龙，苍劲古雅。其花色更是五光十色，多姿多彩：殷红似火、金光灿灿、晶蓝如宝，或带斑带点，或带条带块，粉红的、洋红的、橙黄色的、淡紫色的、黄中带红的、红中带白的、白中带绿的，真是千变万化，无奇不有。有的浓妆艳抹，有的淡着缟素，有的丹唇皓齿，有的芬芳沁人，真的各具风姿，仪态万千。

正因为杜鹃花在园林上的重要价值，我国品种丰富的杜鹃花资源早就为西方各国所觊觎。19世纪初，他们曾不惜巨资多次派人前来云南采集标本、种子。1919年，英国“植物猎手”傅利斯在云南腾冲高黎贡山西坡，意外地发现了他从未见过的“杜鹃巨人”——大树杜鹃。贪婪之心驱使他雇来苦力，横着心，举起斧，硬将这一株高达25米、胸径达87厘米、树龄达280年的大树杜鹃砍倒，捞了一个圆盘状的木材标本回去，至今仍陈列在伦敦的大英博物馆里。

现在，世界各国都广泛栽培杜鹃花，美国和加拿大人喜欢在门前屋后种上几丛杜鹃花，每逢花开之日，常常邀请亲友前去品评观赏。荷兰、比利时等国以羊踯躅为亲本，培育成西洋杜鹃系，品种较多，有橙、黄、朱等色泽。此外，还有栽培的春鹃和夏鹃等品种。

杜鹃花不但花美，而且有实用价值。杜鹃的叶、花可入药或提取芳香油，有的花还可食用，树皮和叶可提制烤胶，木材可做工艺品等。高山杜鹃花根系发达，还是很好的水土保持植物。

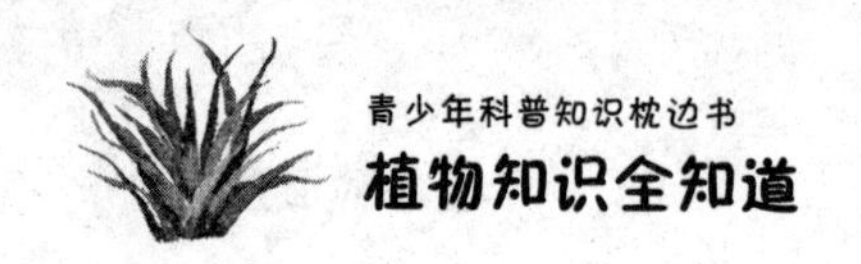

知识链接

木本花卉是指具有木质的花卉，主要包括乔木、灌木、藤本三种类型。乔木花卉植株高大，只有桂花、白兰、柑橘等可作盆栽，灌木花卉一般植株低矮、多数适于盆栽，如月季花、贴梗海棠、栀子花、茉莉花等。藤本花卉通常为蔓生，如迎春花、金银花等。在栽培管理过程中，通常设置一定形式的支架，让藤条附着生长。

“母爱之花”康乃馨

在鲜花大家族中，最平凡的莫过于草花。草花的种类繁多，最为知名的当属康乃馨。虽然名花谱上向来没有康乃馨的位置，但它却是世界上应用最普遍的切花之一，常与唐菖蒲、文竹、天门冬、蕨类组成优美的花束。

康乃馨又名香石竹，属石竹科植物，同属花卉还有须苞石竹、常夏石竹、少女石竹等。康乃馨是一种宿根性的多年生草本花卉，在温室里几乎可以连续不断开花。它的花型秀丽，花瓣呈现不同变化，从任何一个角度看，都有特殊的美感，像是一位温柔的女子。每到母亲节这一天，人们喜欢买束康乃馨送给母亲，恭祝节日快乐，因此康乃馨被称为“母爱之花”，为什么母亲节这天要送康乃馨呢？这个传统说来还有一段感人的故事呢！

母亲节是由美国妇女贾维斯夫人倡导，由她的女儿安娜·贾维斯发起创立的。贾维斯夫人是一个有着 10 个子女的母亲，是一所教会学校的总监。在美国以解放黑奴为目的的南北战争结束后，她在学校里负责讲述这段历史。贾维斯是一位心地善良、极富同情心的女人。她讲述着战争中那一个个为正义捐躯的英雄的故事，望着台下那一张张充满稚气的孩子们的脸，一个想法猛然涌上心头：为祖国贡献了这么多英勇战士，保证了战争胜利的，不就是那一个个含辛茹苦地抚育着子女的母亲们吗？她们的儿子血染疆场，承受了最大的痛苦和牺牲的，不也是这些默默无闻的母亲吗？因此，她提出应该设立一个纪念日或母亲节，给这些平凡的女人一些慰藉，表达儿女们对母亲的孝思。

可惜的是，这个良好的愿望还没有实现，贾维斯夫人便于1906年5月9日与世长辞了，她的女儿安娜·贾维斯悲痛欲绝，在此后的日子里，她每天以泪洗面，怀念不已。1907年，安娜·贾维斯在母亲去世周年纪念会上，希望大家都佩戴白色的康乃馨鲜花，纪念她的母亲，并提议每年5月的第二个星期天为母亲节。于是她给许多有影响力的人写了无数封信，提出自己的建议，在她的努力下，1908年5月10日，她的家乡费城组织举行了世界上第一次“母亲节”的庆祝活动，随后，美国西雅图长老会带头开展颂扬母亲的活动，美国著名大文豪马克·吐温亲笔写信给安娜·贾维斯小姐，赞扬她这项伟大的创举，并表示自己也佩戴白色的康乃馨来悼念慈爱的母亲，经安娜与众人不懈的努力，美国国会终于在1914年5月7日通过决议，把每年5月的第二个星期日定为全国母亲节，以表示对所有母亲的崇敬和感激，并由威尔逊总统在同年5月9日颁布执行，1914年5月14日在美国举行了第一个全国规模的母亲节。1934年的5月，美国首次发行母亲节邮票，邮票上是一位母亲双手放在膝上，欣喜地看着前面花瓶中一束鲜艳美丽的康乃馨。

随着邮票的传播，许多人就把母亲节与康乃馨联系到了一起，康乃馨便成了象征母爱之花，受到人们的敬重，人们把思念母亲、尊敬母亲的感情，都寄托于康乃馨上，康乃馨同时也成为赠送母亲不可缺少的礼物了。

知识链接 >>>

人们通常把用于插花或制作花束、花篮、花圈等花卉装饰的花材称为“切花”。切花种类繁多，其中，月季、菊花、唐菖蒲和康乃馨这四种花卉被称为“世界四大切花”。

“西域奇花”雪莲

自然界中有一个有趣的现象，许多珍稀植物大多生在崇山峻岭之中。一般来说，一座大山从山脚到山顶的植物分布变化是：树木只能生长在一定高度的地带，再向高处只有灌木，或完全让位于草本植物。也有些草本植物，只有在高山上有，而山下没有，这与它们长期适应了冷凉的高山气候有关。素有“西域奇花”之称的雪莲就只生长在离雪线不远处，独傲严寒，成为世界珍稀种类。

雪莲是多年生菊科植物，主要分布在新疆、青藏高原和云贵高原一带。横贯新疆中部的天山山脉，冰峰雪岭逶迤连绵，海拔 4000 米以上是终年积雪地带，被称为雪线，雪莲花就生长在雪线以下、海拔 3000 ～ 4000 米的悬崖峭壁上。

雪莲通常高 15 ～ 25 厘米，叶长圆形或卵状长圆形，密集生长，长约 14 厘米，叶缘有小齿。雪莲生长的地方位于高山雪线以下，在那里，气候严寒多变，雨雪交加，冷热无常，最高月平均气温才 3 ～ 5℃，最低月平均气温为 -21℃ ～ -19℃，一年的无霜期只有 50 天左右。雪莲是如何生长在高山冰雪的环境中的呢？首先它的根又粗又长，深入岩缝，尽可能地吸

取水分、养料。它的身上长满了白色绒毛，还有它的密集硕大的花苞，就像一个大毛绒球，靠这一身“装束”，既保温又保湿，还可防止高山强烈的太阳辐射，雪莲当然就成为冰山上一朵奇葩了。

雪莲生长很慢，至少要 4 ～ 5 年才能开花结果。而且由于生长期短，它只能在气温较暖时迅速发芽、生叶、开花和结果，7 月开花，8 月果熟，生长周期很短，靠保留在地下的根状茎和种子度过寒冷的季节。

雪莲的花色有雪白、淡黄、紫红的，10 ～ 20 个头状花序聚凑起来，外边包着十几片像花瓣的苞叶，在冰天雪地间以及高原特有的澄澈天空映衬下，真是娇艳又圣洁，自古被青年男女视作爱情的象征。

雪莲不但是难得一见的奇花异草，也是举世闻名的珍稀药材。雪莲花早在清代医药学家赵学敏所著《本草纲目拾遗》中就有记载，也是藏、蒙古、维吾尔等民族的常用药。在藏医藏药上，雪莲花作为药物已有悠久的历史，藏医学文献《月王药珍》和《四部医典》上都有记载。各地民间将雪莲花全草入药，主治雪盲、牙痛、风湿性关节炎、月经不调等症。印度民间还用雪莲花来治疗许多慢性病，如胃溃疡、痔疮、支气管炎、心脏病、鼻出血和蛇咬伤等症。近年来，以雪莲为原材料的药品、滋补品开始增多，食用雪莲成为保健时尚。

雪莲扎根的土壤是由细菌、苔藓、地衣分解岩石形成的，需要经过几百万年的缓慢过程，采摘时需要一些技巧。如果连根拔掉，会使本来就很小的一块块土壤很难再恢复原有肥力，导致雪莲几乎不可能再在原地生长，而非法采摘雪莲者恰恰都是连根拔起！现在，遭受到毁灭性破坏的雪莲已经被列为国家二级保护植物。

知识链接 >>>

生长在高山上的植物，一般体积矮小，茎叶多毛，有的还匍匐着生长或者像垫子一样铺在地上，成为所谓的“垫状植物”。它们一般高 3 ～ 5 厘米，个别较大的高也不过 10 厘米左右，直径约 20 厘米。雪莲代表着垫状植物之外的另一种类型的高山植物。

“恐龙食物”桫椤

恐龙是古老生物的象征，远在6500万年前恐龙从地球上绝灭了。可现今在地球上还存活着一种与恐龙一样古老的植物，它就是恐龙时代的“遗老”，有“蕨类植物之王”之称的桫椤。

桫椤又名树蕨，笔直的树干高达8米，1～3米长的巨大叶子从树干上伸展开来，十分壮观。从外观上看，桫椤有些像椰子树，其树干为圆柱形，直立而挺拔，树顶上丛生着许多大而长的羽状复叶，向四方飘垂，如果把它的叶片反转过来，背面可以看到许多星星点点的孢子囊群。桫椤虽然是大树，但它也和其他蕨类一样，不会开花结果，只能靠这些孢子繁殖。孢子轻如粉尘，成熟后随风向远处扩散，传播到阴湿的地方，就能生长发育成新的桫椤。

桫椤是极为古老的植物，最早从海洋发展到陆地的植物就是蕨类。在距今约3.5亿年前的石炭纪，蕨类植物是地球上的“统治者”，高大的蕨类树木，如鳞木、芦木、封印木、种子蕨等覆盖着地球表面，高20～40多米的大树比比皆是。但随着地壳的变迁，多数蕨类树木都埋于地下，成了

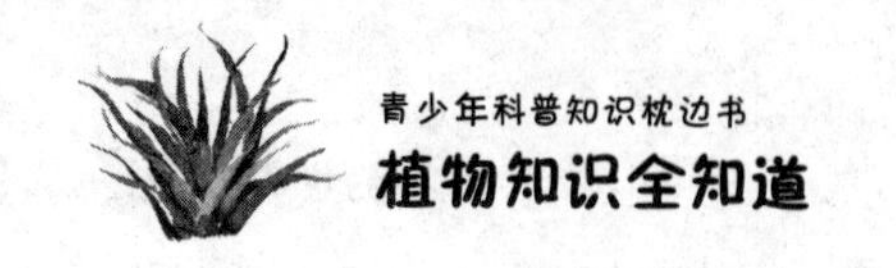

我们今天的煤炭。到了1亿多年前的侏罗纪，随着巨型爬行动物恐龙的兴起，这时蕨类中桫椤这一支也应运而生。由于侏罗纪时的气候已变得温暖、潮湿、所以桫椤也长得高大挺拔，达20多米，叶子都生长在树干的顶端，好像一把把巨大的绿伞。尽管桫椤如此高大、但它仍是身躯高大，颈细脖长的恐龙的美味食品。不过，靠素食过活的恐龙最后还是从地球上消失了，而高大的桫椤却在地球上的一些温暖潮湿的地区延续了下来。

桫椤虽历经沧桑，劫后余生，却依然风姿绰约，园艺观赏价值极高。除了可供观赏外，桫椤还是研究物种的形成和植物地理分布关系的理想对象，它与恐龙化石并存，对重现恐龙生活时期的古生态环境，研究恐龙兴衰以及地质变迁具有重要参考价值，故被列为我国八种一级保护植物之首。新西兰是世界上树蕨的种类和数量最多的国家。虽然桫椤作为蕨类植物并不开花，但新西兰依然将它作为自己的国花。

由于桫椤的孢子萌发、原叶体的生长、配子结合成合子、合子发育成一株小桫椤往往需要一年的时间，而且都离不开潮湿的环境。因此，桫椤对环境、气候要求比较苛刻。我国的桫椤仅在气候温湿的广东、广西、云南、贵州、四川、海南、台湾和福建南部有少量分布。如今，由于森林遭到严重破坏，植被覆盖面积缩小，现存分布区内生境趋向干燥，致使配子生殖环节受到严重妨碍，林下幼株稀少。加之茎干可作药用，不法分子盗挖盗卖桫椤现象时有发生，造成桫椤植株日益减少，有的分布点已消失。桫椤不仅在自然界中繁衍受到了限制，而且人工移植，如没有一定的生境也很难成活。现在，整个桫椤科的植物都已列入《濒危野生动植物种国际贸易公约》中，禁止所有有碍其生存的贸易行为。

知识链接 >>>

蕨类植物是高等植物中较为低级的一个类群，属于孢子植物。现在地球上的蕨类植物有1万多种，但常见的蕨类植物多数是草本植物，高仅数十厘米，如蕨菜等，只有树蕨最高大，是木本植物。全世界桫椤科植物约有600种，我国有桫椤3个属近20种。

真菌的归属之争

真菌是生物界中很大的一个类群，世界上已被描述的真菌约有 1 万属 12 万余种。虽然它们很早就被科学家们勉强地归入到植物界中，但关于真菌究竟是植物还是动物的争论从来没有停止过。

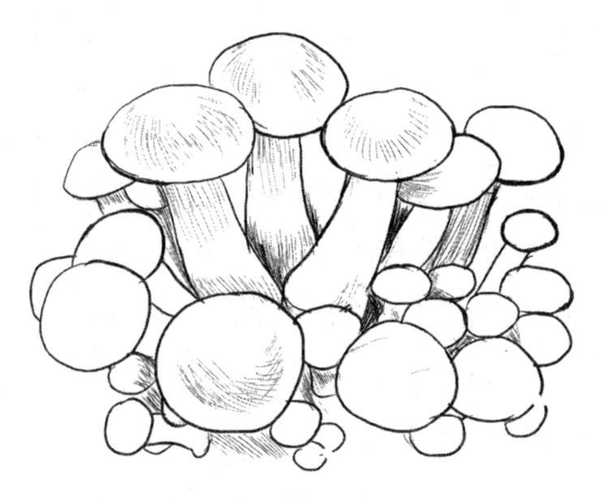

有关真菌的最早论述应追溯到公元前 4 世纪，著名的古希腊学者亚里士多德，首次在自己的著作中描述了真菌的特性。大约过了 300 年后，著名科学家达普林尼开始把蘑菇分为可食蘑菇和有毒蘑菇两种。然而，人们对真菌的认识，长久以来一直徘徊在十分幼稚的水平，仅仅知道它是一类没有叶绿素、不能进行光合作用、常常依靠腐生和寄生的生物。科学家们甚至无法确定真菌究竟是植物还是动物，没有一个人能为它下一个权威性的确切定义。

随着对真菌研究的不断深入，许多学者纷纷对它的正确归属提出了各自的论点。在较早的时期，一些植物学家认为，真菌的形态虽然多种多样，面貌各异，但都是植物组织分泌出的产物，它们就像植物身上的废料一样，不能划入到生物的范畴之中，因此他们认为真菌更接近于矿物，而不是接近于植物。

在真菌的归属问题上，就连赫赫有名的植物分类学家林奈也感到迷茫。在相当长的一段时间中他认为真菌是动物，因为他在真菌中发现了一种与水螅相似的小动物。尽管在真菌的分类上有种种不同的看法，但大部分植物学家认为真菌是植物性的有机体。比如巴黎植物园的植物学家杜尔涅福尔认为，真菌和地衣应归为一类，并把它们合称为“无花无果的草藻木”。

在真菌研究的历史上，意大利科学家密凯利首次打开了通往真菌生活史迷宫的大门。他以出色的研究证明了真菌是由十分微细的孢子来繁殖的。从此以后，人类结束了对真菌盲目猜想的阶段，研究进入到一个崭新的、更高的领域。

到了18世纪，林奈把真菌列为与藻类相邻的另一个特殊类目。但是，就在大多数人认为真菌是植物的时候，不少植物学家又提出一个强有力的新观点。他们认为，真菌在地球生命史的早期就已经诞生，再加上没有叶绿素，不能自我制造食物，所以不应该属于植物界，而应当处于与植物界、动物界相并列的第三个独立的特殊的界——真菌界。但是，这一新观点没有受到同行们的支持，经过多次的激烈争论，最后还是把真菌列入植物界。这样的情况一直持续到20世纪，以前一度被忽视了的观点又渐渐得到了重视。1909年，俄国科学家曼莱日柯夫斯基再次提出：在动物界和植物界之外成立一个新的界，即真菌界，里面包括细菌、蓝绿藻和真菌。一时间，其他科学家对这种分类法作了许多科学上的具体论证。他们指出，这互相并列的三界在生活方式上各有特点。它们分别来自三个假设的祖先：原始的寄尸植物、原始的寄养植物、原始的动物。后来科学家们进一步提出，生物界可以分为四个界：裂殖界、真菌界、植物界、动物界。

随着科学的不断发展，现代生物学专家们采用了最现代化的技术手段，分别从生物化学、细胞学、遗传学等各个不同的角度来研究真菌。他们发现，真菌确实兼有植物体和动物组织的特点。但从某几个方面看，真菌很接近动物。但是，根据真菌的生活方式，细胞中兼有细胞壁和细胞膜的特点，它们又很接近于植物。

那么真菌究竟是植物还是动物呢？迄今为止，科学家们对这个问题依然众说纷纭。在1975年召开的第12届国际生物学会议上，动植物学家们又进行了广泛深入的讨论，试图确定真菌在生物界中的地位，但最后还是没有得出统一的结论。不过大部分的真菌学家认为，由于真菌具有这一系列特殊的形态特征和生理性状，它还是应该属于与动物界、植物界并列的新的界——真菌界。

关于真菌的归属问题，由古至今已争论了2000多年，虽然到今天还没有得出一个完全统一的结论，但在今后的研究中，对真菌的认识必然进一步加深，那时真菌的归属之谜就会迎刃而解了。

知识链接

生物是按“级”进行分类的。首先，按生物最基本的区别，把生物分成不同的“界”，这是生物最大的一级分类单位。生物分界是一项不断进行中的工作，随着科学的发展而不断深化。目前大家普遍比较认可的是将生物分为五界：原核生物界、原生生物界、植物界、真菌界、动物界。

吃虫的真菌

在自然界，不仅有一类绿色的高等植物会捕食昆虫，而且一些低等植物也具有这种奇妙的本领。科学家惊奇地发现，有许多真菌以捕食线虫、纤毛虫、草履虫、变形虫等一些原生动物为生，还有的真菌甚至能够捕食蚊蝇，人们称它们为食虫真菌。冬虫夏草就是一种吃虫的真菌。

现在已发现的食虫真菌有50多种。食虫真菌的捕虫方式非常奇特、有趣，大致可以分为粘捕和套捕两类。

有一种真菌叫少孢节丛孢菌，一般生活在土壤中、各种腐烂的蔬菜和动物的粪便上，它的菌丝能形成菌网并分泌出黏液来粘捕线虫。一旦线虫被粘住，它便在粘住虫体的地方长出穿透枝，穿过角质外壳而进入线虫的体内，并在穿透枝的顶端形成一个侵染球，再从侵染球上长出许多营养菌丝，用来吸收线虫体内的营养物质，最后菌丝充满虫体，线虫就只剩外壳了。

有一种真菌在菌丝体上产生大量孢子，利用孢子粘在线虫身上，孢子萌发长出新的菌丝体来，菌丝伸进虫体内吸收养料，结果是虫体内外都长满了菌丝，线虫被吸空而丧生。

还有一种真菌，它的菌丝体上可以长出不同形状的菌丝环，有的像圆球，有的像漏斗，都能分泌出黏液，当昆虫一旦碰触到它，就会被牢牢粘住而无法逃脱。然后菌丝伸进虫体吸取营养，最后昆虫即被“吃”空。

在澳大利亚有一种野生蘑菇，这种淡黄色的蘑菇，善于粘捕蚊虫，它所分泌的带有特殊气味的黏液，对蚊子很有引诱力，可将 30 米左右范围内蚊子吸引过来。当蚊子碰触菌伞时，便被粘住，然后被消化吸收。据科学家观察，一株蘑菇一昼夜可捕食蚊子 200 ～ 300 只。因此，它可以帮助人们消灭蚊子，减少疟疾的传染。

还有一种毒蘑菇，它的菌伞能分泌出一种恶臭难闻的黏液，引诱一些逐臭的蝇类，当这些昆虫飞落到菌伞上时，就被黏液粘住毒死，成为毒菌的一顿美餐。

套捕线虫是一些真菌的又一绝妙本领，也是食虫真菌捕食虫子的另一种方式。有些真菌的菌丝能够形成环状的“捕虫器”——菌套。菌套一般由 3 个细胞组成，每个细胞都呈弧形，多数的菌套还有一个小柄。真菌就靠这些菌套来捕食线虫。当线虫一旦不小心将头钻进菌套时，菌套便立刻收缩，把线虫套住，线虫越挣扎，菌套就收缩得越紧，这样线虫就成了真菌的猎物。然后真菌用含有毒素的穿透枝刺死线虫，并慢慢将虫体“吃”空。

更为有趣的是，有一种真菌叫蕈，它的菌套非常敏感，当有线虫爬近时，其菌套就会突然扩大 3 倍以上，以便让线虫入套。线虫一旦钻进套中，菌套立即收缩将它捕获，动作非常迅速，整个过程仅需要一秒钟，其敏捷程度简直令人吃惊。

令人叫绝的是，由于菌套的柄较细弱，常常会被线虫挣扎时扭断，逃脱的线虫身上带着缩紧的菌套，它虽然逃出了“牢笼”，但仍然摆脱不了食虫真菌的魔掌。因为菌套仍然可以长出菌丝穿进虫体进行繁殖，最后将线虫“吃”空。妙就妙在，菌套的断离是食虫真菌借助线虫进行营养繁殖和传播的一种方式。

真菌不同于绿色植物，它们没有叶绿素，不能进行光合作用制造养料，需要从动物的活体、死体及其它们的排泄物和植物的活体、死体、断枝、落叶以及土壤腐殖质中吸收和分解其中的有机物，作为自己的营养。

蘑菇的功与过

说起食用菌，人们可能立即就会想到形形色色的蘑菇。其实，除了蘑菇之外，食用菌的种类还有很多。我们知道，蘑菇属于真菌。真菌一般分为两种类型，一种叫霉菌，另一种叫酵母菌。霉菌在自然界分布很广，常常引起食品和其他物品发霉、腐烂；酵母菌常常生长在有糖的环境中，如水果、蔬菜、花蜜以及植物的叶子上。除了霉菌和酵母菌这两类只有用显微镜才看得清模样的真菌以外，还有一些更大的真菌，如蘑菇、木耳、银耳、竹荪等。这些大型真菌就是我们平常所说的食用菌，蘑菇只是食用菌中的一类。

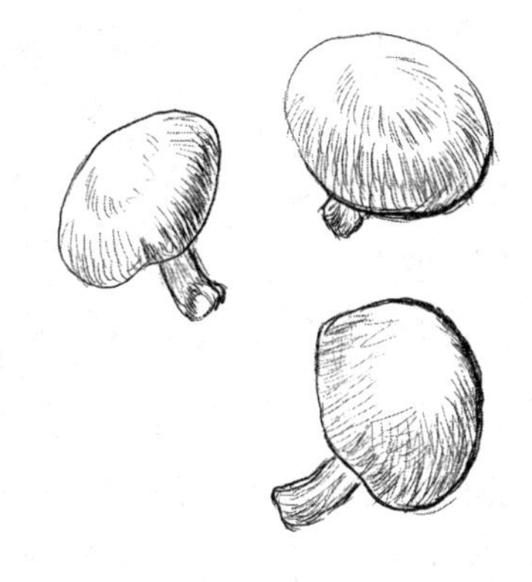

雨后的树林中，常会看到一丛丛破土而出的蘑菇，颜色五彩缤纷，惹人喜爱。蘑菇大多像一把伞，在伞面的下方是一页页的薄膜，里面着生无数的粉状物——孢子，蘑菇就是用它来繁殖的。

当一个蘑菇生长成熟时，在它的菌褶上就会形成大量孢子，孢子由单个细胞组成，既小又轻，风一吹，就会飘向远方。当孢子遇上沃土、朽木或其他适宜的环境时，就很快萌发成一条条菌丝。菌丝吸收环境中的有机物质进行细胞分裂，越长越长，越长越多，就从一个地方向四面八方伸展出来。如果这时遇雨，土壤湿润，空气潮湿，在菌丝的末梢上很快长出一

个个小蘑菇。小蘑菇刚形成时像个小球，此时叫作菌蕾，不久菌蕾上的菌盖张开了，小蘑菇就长成了。由于土中的菌丝伸向四面八方，而蘑菇又是长在菌丝末端，所以大雨过后我们时常在沃土上发现一个个蘑菇群。

蘑菇的种类很多，现已知约有3250种，其中大部分可食用，但也有一小部分对人类有害。由于各种毒蘑菇所含的毒素种类不同，因此中毒者的症状也会有所不同。

据说，墨西哥的魔术师有一套非凡的戏法，他能将人们的灵魂引导进入“天国”，进行一次令人神往的遨游。他给受试者吃一小包“神药”后，一会儿眼前便出现各种离奇的景象。长期以来人们无法知道墨西哥魔术师所用药粉的奥秘，直到19世纪末，植物学家通过不断研究和探索，才揭开了这个谜。原来，魔术师的神奇药粉是用当地生长的一种蘑菇制成的，受试者体验的实际上就是一种蘑菇中毒现象，也叫致幻现象。其实，早在3000多年前，生活在南美洲丛林里的印第安人就发现了这蘑菇的神奇作用，并对它产生了崇拜的心理，称它为“神之肉”。每当举行宗教盛典时，便将这种蘑菇浸泡在酒里，给参与祭祀活动的人饮用，以共享遨游“天国”的乐趣。

印度有一种叫作毒蝇伞的蘑菇，它含有致幻成分毒蝇碱，人食后一刻钟便进入幻觉状态，浑身颤抖，如痴如醉，往往会做出一些令人捧腹的滑稽动作；食用者所看到的东西都被放得很大，普通人在他的眼里却变成了顶天立地的巨人，使之产生惊骇恐惧的心理，有的被激怒发狂，直到极度疲倦，才昏然入睡。有趣的是，据有人试验，让猫吃了这种蘑菇，也会因慑于老鼠身躯的巨大，而不敢捕捉。因此，在医学上将这种症状称之为“视物显大症”。

华丽牛肝菌和我国云南山区生长的小美牛肝菌却具有与毒蝇伞相反的作用，人食用后可产生“视物显小幻觉症”。当人们进入幻觉状态后，便会看到四周有一些高度不足一尺的小人，他们穿红着绿，举刀弄枪，上蹿下跳，时而从四面八方蜂拥而来，向患者围攻；时而又飘然而去，逃得无影无踪。吃饭时，这些小人争吃抢喝；走路时，有的小人抱住腿脚，有的小

人爬到头顶，使患者陷于极度恐惧之中。

我国的毒蘑菇分布广泛，在广大山区，误食毒蘑菇中毒的事例也比较普遍，毒蘑菇曾经被作为多发性食物中毒的原因之一。因此，长期以来鉴别毒蘑菇是人们十分关心的事。我国广大的农村流传着多种识别毒蘑菇的经验，其中都有一定道理。如人们经常说颜色鲜艳、样子好看的有毒，不生蛆、不生虫的有毒，有腥、辣、臭味的有毒，伤后颜色变化的有毒，煮食时使银器、象牙筷子、大蒜、米饭变黑的有毒等。但值得注意的是，有些流传的说法还缺少一定的科学性。

因为鉴别毒菌并不容易，所以在野外最好不要轻易尝试不认识的蘑菇，同时不偏听偏信。必须在分辨清楚或请教有实践经验者之后，证明确实无毒时方可食用。如果吃了蘑菇发生了身体不舒服的感觉，应该及时到医院诊治，千万不可大意。

知识链接 >>>

蘑菇中毒主要分为6种类型：胃肠中毒型、神经精神型、溶血型、肝脏损害型、呼吸与循环衰竭型和光过敏性皮炎型。毒蘑菇之所以有毒，是因为它们含有一些致病的化学物质——毒素。毒蘑菇含有的毒素成分现在尚不完全清楚，已知毒性较强的毒素包括毒肽、毒伞肽、毒蝇碱、光盖伞素和鹿花毒素等。

植物学科前景展望

人工种子

自古以来，农业生产需要花费大量的种子。而有些植物不结种子，或者种子昂贵，要想快速繁殖，就受到极大的限制。为了解决大量繁殖种子的难题，科学家们进行了刻苦的研究，终于研制成功了人工种子。

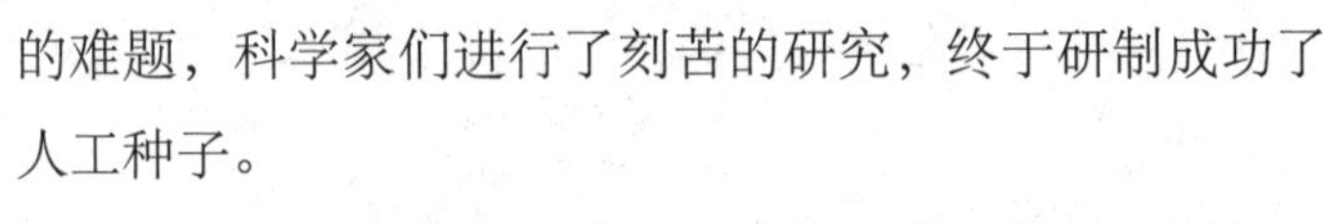

人造种子又称人工种子，这是细胞工程中年轻的一项新兴技术。这项技术从理论的提出到实施经历了相当长的历史。1902 年，德国植物学家哈勃兰特根据细胞学说的理论，大胆预言植物身体上的每一个细胞在脱离母体后，只要给它合适的生存条件，都将能发育成跟原来植物体一模一样的植株。经过许许多多科学家的努力，1958 年，美国植物学家用液体悬浮培养法培养胡萝卜的体细胞，得到胚状体，它是具有分裂能力的细胞团，胚状体进而发育成了完整植株，并能开花结果，这使得哈勃兰特的预言变成了现实。

1978 年，英国科学家穆拉希吉在加拿大召开的第四届国际植物组织、细胞培养会议上提出了“人工种子”的概念。他认为利用体细胞胚发生的特征，把它包埋在胶囊中，使之具有种子的性能并直接在田间播种。

人工种子的概念一经提出，立刻吸引了不少生物学家们的注意。首先掌握人造种子技术的是美国人。经多年培育后，美国科学家们生产出了又大又嫩的杂种芹菜。遗憾的是这种芹菜好吃不好种，不但种子小、发芽慢，连杂交种子的获得也十分困难，因此种子价格极高。为解决这个问题，研

究人员先把芹菜幼苗的嫩茎切成极小的碎片，使之在特定条件下诱发形成有生根发芽能力的胚状体，然后再用一种聚合物包裹作为人造种皮，做成了一种像小鱼肝油丸一样的胶囊种子。

继美国之后、日本、加拿大、芬兰、印度、韩国等国家也开展了人工种子研究工作。参与欧洲尤里卡计划的法国、瑞士、西班牙等国也制成了胡萝卜、甜菜、苜蓿等植物的人工种子。我国继 1988 年在国际上首次研制成功水稻人工种子后，近年来又研制成了旱芹、杂交水稻等许多种作物的人工种子，并培育出一批性状稳定的种苗。

目前，人工种子制作技术已经拥有了良好的基础，但除了水稻、生菜等少数几种能较大面积在田间播种以外，大多数仍只是停留于实验室阶段，这一技术由实验室向商业化生产转化，还有不少问题未得到解决。尽管如此，世界各国都对其投入了很大的科研力量，原因不仅是因为通过这一技术可以实现种子的工业化生产，节约粮食，它至少还有如下几方面的价值：其一，利用很小一点植物组织，就能培养产生大量的胚状体，在苗木的快速繁殖、去病毒菌培养等方面具有很大的开发价值；其二，这一技术实际上是作物的无性繁殖，可用于固定杂种优势，强优势组合一经获得，便可多年利用，而不必通过诸如“三系配套”等复杂程序生产杂交种；其三，这一技术不仅证实了细胞具有再生植株的“全能性”，而且对研究细胞生长、分化过程中的遗传、生理、生化和代谢无疑有着重要意义。

人们普遍认为，人工种子是十分理想的快速繁殖的新方法，它的应用预示着农业繁殖体系的一场革命，在这方面加紧研究带来的突破已为时不远了。

知识链接 >>>

人工种子技术目前主要有三大难题有待克服：首先，许多重要植物还不能培养出大量的、高质量的体细胞胚。其次，现有的人工胚乳和种皮还不够理想，不能有效地防止微生物的腐蚀。最后，人工种子的自动化生产、机械包裹以及储藏技术还有待进一步完善。

未来的转基因蔬菜

生物都是由细胞组成的，在细胞核里有一种遗传物质叫脱氧核糖核酸，它是由两条螺旋形的长链组成，长链的一小片段，便是遗传基本单位基因，基因上储藏有遗传信息，因此生物的性状遗传是由基因决定的。科学家将基因从一种生物的细胞中取出来，在体外进行重新组合后，再转移到另一种生物的活细胞中，即可创造出新的生物类型或培育出新品种，这就是转基因技术。人们利用转基因技术培育成的蔬菜新品种，被称为转基因蔬菜。

目前，世界上约有3.5亿人感染乙型肝炎，而通常的防治方法是采用混合疫苗接种。但是，这种方法成本高，培养并提纯疫苗费时费力。为此，德国的研究人员从实用角度考虑，选择了种植简单、储存方便的胡萝卜作为载体，在乙肝病毒的表面蛋白基因中注入胡萝卜基因，同时通过一种催化剂提高胡萝卜基因中乙肝病毒蛋白的浓度。研究人员介绍，这种转基因胡萝卜外表与普通胡萝卜没有差异，只是在成熟之前需利用一种荷尔蒙激活其基因，使其释放出更大量的肝炎疫苗成分。

转基因西红柿是全球第一种允许上市的转基因蔬菜。早在1994年，美国就批准一种转基因西红柿上市，这种西红柿的皮比较厚，便于人们运输和储藏。后来又有人培育出具有一定抗癌功能的转基因西红柿。后来，以色列研究人员培育出一种能散发柠檬香味和玫瑰芳香的转基因西红柿。这种转基因西红柿的挥发性萜类化合物含量很高。挥发性萜类化合物具有杀虫、抗菌等特性，所以，这种转基因西红柿的保存期更长，无须杀虫剂也能快速生长。研究小组认为，像西红柿一样能产生类胡萝卜素的其他农作物和花卉，也能通过转基因技术改变气味和口感。

以色列成功研发了可在冬季生长的转基因辣椒，这种辣椒可在0～10摄氏度的低温条件下顺利生长，而一般品种需要在20摄氏度以上才可正常生长。这类新培育的辣椒有多种颜色、生长季长、果实坚硬抗挤压的优点，而且还具有抵抗植物病毒的特性，这一系列转基因辣椒品种是由罗伯特·史密斯植物科学研究所和希伯来大学共同研发的。中国广东省农科院和华南农业大学的科技人员培育出一批可抗青枯病的转基因辣椒株，可有效地减少病害，提高辣椒产量，减少农药对环境的污染。青枯病有“辣椒杀手”之称，是热带、亚热带地区最严重的蔬菜病害。

日本培育成功一种转基因生菜，其含铁量要比一般生菜高出将近一倍。这种转基因生菜是通过把大豆的铁蛋白基因植入生菜细胞中而培育出的，因而增强了生菜中铁的含量，比一般生菜品种高出约一倍。按照全部铁元素被人体吸收计算，成年人每天只要吃半棵这种生菜，就可满足生理需要。

人们一直对无子果实比较感兴趣，这是因为子往往坚硬且味道不佳，而且由于无子果实原来长种子的地方现在被果肉组织填充了，消费者用同样的钱就可以买到更多可食用的果肉。因此，农业上对培养无子果实很有兴趣。意大利研究人员将一个能够提高植物激素吲哚乙酸含量的基因转移到茄子中，培养出无子茄子。从经济角度看，这种转基因茄子与传统茄子品种相比主要有三大优势：其总体产量比传统品种提高了30%以上，其培育成本与以往的无子果实相比大大降低，转基因茄子在正常条件下不适于果实生产的相对低温条件下也可生产。

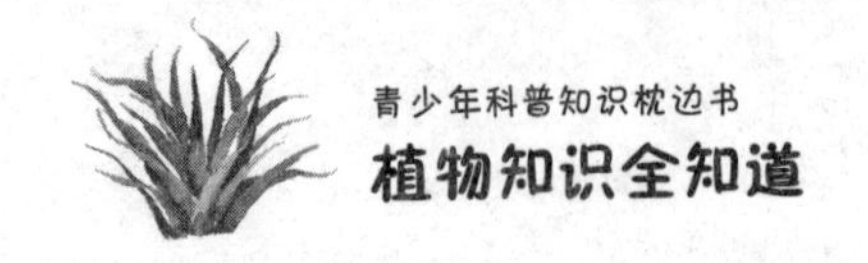

因此，我们完全可以预言，在不久的将来，用基因工程技术，将人的泌乳基因转移给西红柿，将牛的基因转移给马铃薯，将鸡的基因转移给黄瓜，就有可能培育出有人乳营养成分的西红柿、有牛肉味的马铃薯、有鸡肉味的黄瓜等许多新奇的蔬菜，餐桌上的未来食物将丰富多彩。此外，不少科学家预测，将来会有一些具有药用价值的转基因蔬菜出现在医生的处方单上。

知识链接 >>>

将人工分离和修饰过的基因导入到生物体基因组中，由于导入基因的表达，引起生物体性状可遗传的修饰，这一技术称之为转基因技术。人们常说的“遗传工程”“基因工程”“遗传转化”均为转基因的同义词。尽管转基因农作物的安全性还没有得到完全的认可，但是科学家们还在不断地展开新的研究。

植物的血型

大家都知道，在人体的血管里流动着鲜红的血液，它将养料和氧气运送到身体的各个器官，将新陈代谢所产生的废物送到排泄器官，然后再排出体外，这样才维持了人的生命。血液有不同的类型，科学家称之为血型。科学家们通过研究证实，不仅人类有血型，动物也有不同的血型，例如：类人猿、猴子的血型与人类相同，也有A型、B型、AB型 和O型4种。最使人感到惊奇的是，植物也有血型。这是科学上的一个新发现，也是有关科研项目的一个新课题。

人们发现植物有血型实属偶然。山本茂是日本警察科学研究所的一名法医，一天，有个名叫大岛川冈的人驱车经过千叶县城郊时，不慎撞伤了一名儿童。几天之后，警察追踪到他的车。经检验，汽车的前轮上不仅粘有那名儿童的O型血，而且还带有B型、AB型两种血迹。于是，警局指控大岛川冈撞过3个人。但面对证据，大岛川冈只肯承认撞伤过一名儿童，对另两项指控坚决予以否认。另外，警方也不能提供更多证据，法院一时难以裁决。与此案相隔不久，一名妇女夜间死于床上。法医化验她的血型为O型，而枕头上的血型却是AB型，

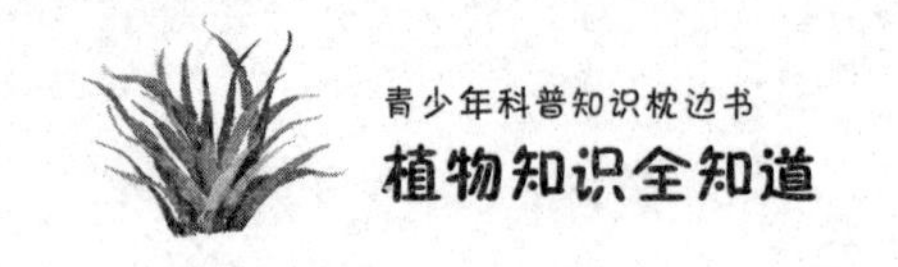

于是被疑为他杀。除此之外，并无凶手作案的任何证据。这时有人半开玩笑地说：“莫非枕头内的荞麦皮属AB型？”谁知这个玩笑一般的提示，给了一筹莫展中的山本茂极大的启迪。他决定取荞麦皮进行化验，最后发现荞麦皮果真属AB型，这使山本茂如获至宝，欣喜若狂。他立即对大岛川冈的汽车重新取样验证，结果发现车轮上的3种血型中，有两种属于植物。至此，撞人案才水落石出。植物的血型引起了山本茂的浓厚兴趣，他又对150余种蔬菜、水果和500多种植物的种子分别进行了化验，结果有19种植物和60种植物的种子显现出了血型。在这显现出血型的79种植物中，半数为O型，其余的为B型和AB型。通过对大量植物的血型研究，山本茂在世界上首次宣布：植物也有血型。

山本茂的发现，引起了科学家的重视，不少学者对植物的血型进行了研究和探索。现已知道，山茶、葡萄、山槭、芜菁等植物为O型；桃叶珊瑚等植物为A型；扶芳藤、大黄杨等是B型；荞麦、李子、地棉槭为AB型。更有趣的是，人们还发现，同一种植物可以有不同血型，例如，槭科植物有O型和AB型两种血型。当叶片是黄色时，血型为AB型；而到秋天枫叶红了的时候，其血型又为O型。

植物本无血液，何以有血型之分呢？根据现代分子生物学的基础理论可知，人类血型指的是血液中红细胞细胞膜表面分子结构的类型。而植物体内相应存在一类带有糖基的蛋白质或多糖链，或称凝集素。有的植物的糖基恰好同人体内的血型糖基相似。如果以人体抗血清进行鉴定血型的反应，植物体内的糖基也会跟人体抗血清发生反应，从而显示出植物体糖基有相似于人的血型。为了弄清血型植物的基本作用，科学家对植物界作了深入研究后得出的结论是：如果植物糖基合成达到一定的长度，在它的尖端就会形成血型物质，然后合成就停止了。血型物质的黏性大，似乎还担负着保护植物体的作用。

随后，对植物血型的研究又取得了新突破，法国科学家克洛德波亚德发现，在玉米、油菜、烟草等植物体中，含有类似人体的血红蛋白的基因。这表明植物也有造血功能，如果加入铁离子，就可以制造出人体需要的血

红蛋白。由于血红蛋白是血液的重要组成部分，它容易与氧结合和分离，所以具有输氧功能。因此，如果这项试验获得成功的话，那将会出现一个惊人的奇迹——人们将能够利用植物来制造人体所需的血液。这种新型的植物血液，不仅不会因血型不同而出现免疫系统的排异问题，更不会传染艾滋病、肝炎等疾病给输血者。因此，新型的植物血液具有美妙的前景。

知识链接>>>

对植物血型的探索，目前还只是刚刚拉开帷幕，尚待科学家们去进一步研究和探索。科学家研究植物血型的最终目标，就是要让植物为人类提供血源，使自然界繁茂的植物成为浩瀚的天然血库。随着科学技术的进步，我们深信新型植物血液造福人类已经为期不远了，到那时，人们再不必为血液库存量不足而发愁了。

植物发电

植物是一种最古老的能源，它伴随人走过了几十万年。然而，现在人们用石化燃料代替了植物，不少国家的农民还把收割粮食后剩下的秸秆烧荒。这是很可惜的，因为这不但会浪费能源，还会增加二氧化碳的排放量，污染环境。现在，不少国家开始开发利用植物能源的新方式。

英国的人口只占世界人口的1%，但是二氧化碳等温室气体的排放量却占世界总量的3%。因此，英国政府在国际上承诺要降低二氧化碳的排放量。他们将投资650万英镑建一家“草电站”。草电站发电的主要原料是生长在当地大量的象草。象草因为大象爱吃而得名，是热带、亚热带地区多年生草本植物，这种草生长比较快，植株可高达3～5米，可燃性好，却没有多少实际用途，用于发电算是“变废为宝”。草电站建成后将每天24小时运行，每小时可减少1吨二氧化碳排放量，这样一年就可以减少8000吨左右的二氧化碳排放量。为什么用草发电就可以减少二氧化碳的排放量呢？这实际上是和火力发电相比较而言的。英国的火力发电站是排放二氧化碳的主要源头，英国大约有1/3的二氧化碳来自火力发

电站。由于象草生长比较快，可以大量吸收二氧化碳。而采用象草发电后，排出的二氧化碳可以被附近生长的象草及时地吸收，二氧化碳的排出量会小于象草的吸收量，这样发电站就不会产生多余的二氧化碳。

法国科学家也在研究用绿色植物发电。他们发现，广大地中海地区盛产各类常年生有刺茎的菊科植物，这些野生植物往往可以长到3米多高。它们不但生长期短，而且可以割后再生。经法国、西班牙等国研究证实，这些植物产生的能源远远高于它们生长所消耗的能源，完全可以作为新能源得到大力开发。因为单纯靠野生菊科植物还不能满足发电的需要，所以法国正在加紧可行性研究，以便尽快大规模人工种植这类植物，为电力工业提供清洁、廉价的新能源。

在美国，科学家们正在考虑将农作物与煤以1∶1的比例混合来发电。这项技术适合一部分现有的发电站，而另一部分发电站只需做一些改变就可利用此技术。在农作物的选择上，科学家们倾向于杂交后的芒草。这种芒草产自日本的高纬度地区，其叶是银色的，有点像羽毛。虽然芒草的产量平均只有每公顷12吨，但科研人员认为，这依然很有推广价值。因为从能源的角度讲，这样的产量相当于36桶原油，以每桶原油60美元计算，1公顷的产值相当于2160美元。

近年来，我国在植物发电方面也取得了突破。上了国家首批外来入侵物种“黑名单”的植物大米草有望变废为宝，提供高度清洁的生物质能源。

大米草是美国的互花米草与欧洲米草的杂交种，1963年被我国成功引进，我国南起广东、北至辽宁的100多个县市的沿海滩涂上均有生长。大米草具有耐盐碱、耐淹、根系发达等特点，最初对保滩护岸、促淤造陆起到了重要作用，被称为“先锋植物”。不过，大米草在全球范围内迅速蔓延，造成了生态失衡、航道阻塞，让人类无法控制，成了有名的外来入侵物种，在我国现已超过5000万亩。作为“功臣”引入我国的大米草一旦发展成草害就难以根除，人工刀砍、挖掘、火烧、除草剂等办法都收效甚微，大米草每年都以五六倍的速度自然繁殖扩散，每平方米可生长150～2640株。大米草草场一般每公顷年产鲜草15～30吨。实验表明，每0.5公斤大

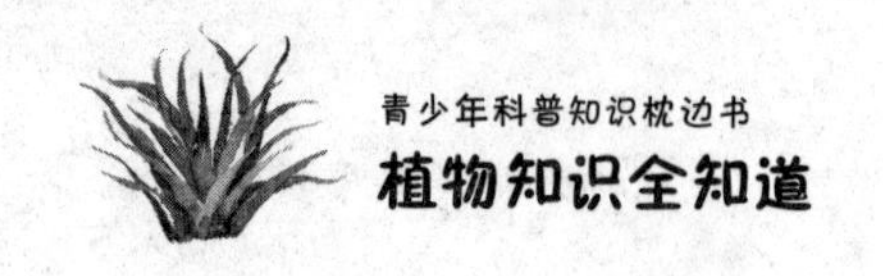

米草可产生 1 立方米的可燃气，每 2 立方米可燃气能发电 1 千瓦时。这样，全国 5000 万亩的大米草可气化发电 500 ～ 750 亿千瓦时。

除了用象草、芒草、大米草等植物外，其他晒干的植物也可以用于发电。在瑞典首都斯德哥尔摩，一家从事废物回收的公司设有 7 处园艺垃圾回收场。在树木生长迅速的春季和夏季，有自己花园的居民几乎每星期都会割草、剪枝，而产生的垃圾按规定必须送到这些园艺垃圾回收场去。当垃圾堆放得像小山那样高时，公司就会派大卡车来，把草木、树枝一车车送到工厂里去。在那里滤掉沙土后，大的枝干会成为造纸厂的原料，含木质多的枝叶晾干后送到发电厂，经高温燃烧后产生的热量可以为当地居民供暖。

知识链接 >>>

在印度，有一种非常奇特的树。如果人们不小心碰到它的枝条，立刻就会产生像触电一样的难受感觉。原来，这种树有发电和蓄电的本领。有人推测，这可能与太阳光的照射有关。这种“电树”引起了一些植物学家和生物学家的注意。如果它发电和蓄电的秘密被揭开的话，也许我们可以按照它的发电原理，制造出一种新型的发电机来。

向植物要“石油”

随着石油等非再生性矿物资源的不断枯竭，液体燃料短缺将是困扰人类发展的大问题。在寻找新能源的过程中，科学家们欣喜地发现了“石油植物”。

所谓“石油植物”，是指那些可以直接生产工业用燃料油，或经发酵加工可生产燃料油的植物的总称。现已发现的大量可直接生产燃料油的植物，这些“石油植物”能生产低分子氢化合物，加工后可合成汽油或柴油的代用品。

早在1928年，美国科学家在研究橡胶树时，就发现好几种植物的液汁中含有碳氢化合物。从这些植物的树皮、树干、树根、树叶和果实中流出的液体，都可以燃烧。有些植物的液汁，在科学家来研究它们之前，当地的老百姓就已将它们用来当燃料了。可惜的是，当时还未发生能源危机，人们对用植物生产燃油的兴趣并不大，所以没有引起重视。1973年后，能源危机的出现，促使科学家重视“石油植物”的研究。美国加利福尼亚大学教授卡尔文就为此而跑遍了世界各地，企图找到“石油树”。他的工夫没有白费，在巴西，卡尔文找到一种叫“苦配巴”的树。这种树是一种乔木，

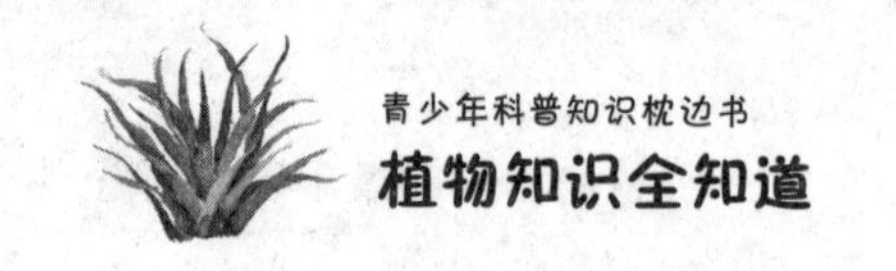

可长至30米高、1米粗。在树干上钻一个直径5厘米的孔，就可以流出一种油状树液，成分接近柴油。两三小时流出的“油”可达一二公升。这种树液不必加工，就可以当燃料用。

经过许多科学家的寻找，类似的植物不断被找到。如美国有一种杏槐，它的胶汁经过简单加工，可以成为一种燃料油。有人发现，12种大戟科植物，都可生出类似石油的燃油。如产在北美、西欧、非洲的含油大戟，是一种灌木，高约1.5～2米，它的胶汁状树液可以制成类似石油的燃料。

巴西亚马孙流域的热带森林中，生长着一种油棕榈树，果实可生产燃油。泰国南洋油桐树的树籽也可提取燃油。我国海南岛尖锋岭、吊罗山等地的热带森林中，有一种油楠树，这种乔木和苦配巴树类似，也可产柴油。一棵树一年可收获多达50公斤的柴油。有一种含油桉树，树叶用水蒸气蒸馏，可以得到桉油，这种油与汽油类似，热值可达9400千卡。

我国陕西还有一种白乳木，它也会流出一种白色的油，可以用来点灯和当润滑油。南美有一种叫绿玉树，树皮流出的血色液汁，可直接燃烧。墨西哥、美国和以色列等地，还生长一种叫“霍霍巴”的灌木，它的籽实含有50%的液体蜡，也可以作燃料。菲律宾有一种汉加树，果实含有50%的酒精。

科学家还对有些已发现的含油树，进行了引种，而且取得了可喜的成效。如美国曾引种了苦配巴树，在加利福尼亚州建立了种植试验场。结果，100棵苦配巴树一年能生产一二十桶柴油。日本也开始在冲绳岛引种苦配巴树，以期用它的柴油来开动货车。科学家还试种了含油大戟，结果1公顷含油大戟，一年至少可以收取25桶“石油”。据说，经过改良后的品种，1公顷含油大戟年产油量可增至325桶。巴西栽种的油棕榈树，3年开始结果，每公顷油棕榈树果实可产油1万公斤。

石油植物作为未来的一种新能源，与其他能源相比，具有许多优点。首先，石油植物是新一代的绿色洁净能源，在当今全世界环境污染严重的情况下，应用它对保护环境十分有利。其次，石油植物分布面积广，若能因地制宜地进行种植，便能就地取木成油，而不需勘探、钻井、采矿，也减少了长途运输，成本低廉，易于普及推广。另外，植物能源使用起来要比核电等能源安全得多，不会发生爆炸，泄漏等安全事故。正是因为具有这样的优势，所以说，植物能源是目前具有最光明前景的领域。

知识链接

石油是不可再生的能源，它的枯竭是不可避免的。所以许多国家都在进行替代能源的研究，而开发石油植物，正好可以加强世界各国在能源方面的独立性，减少对石油市场的依赖，可以在保障能源供应、稳定经济发展方面发挥积极作用。

宇宙植物小球藻

随着宇航技术的飞速发展，人类进行星际旅行的时代很快就会到来。可是，要进行遥远的太空旅行，就必须由宇宙飞船自己制造食物和氧气。这就需要在飞船中栽种植物。能在飞船中栽种的植物必须身体小而轻，繁殖迅速，既能提供食物，又能提供氧气。科学工作者经过研究，发现小球藻是充当这个角色最理想的植物。

小球藻是一种微小的绿藻，它的外形多为球状，少数为椭圆形。小球藻的生命力很强，在大地回春万物生长的季节里，池塘、小溪中的水也在悄悄变绿，这就是因为水中的各种藻类也苏醒过来，开始繁殖生长的缘故。在众多的藻类植物中，要数螺旋藻和小球藻的营养价值最高。据测定，小球藻的蛋白质含量约为 50% ～ 55%，脂肪含量为 10% ～ 30%，碳水化合物含量为 10% ～ 25%，虽然蛋白质含量稍低于螺旋藻，但后两项含量均高于螺旋藻。经计算，小球藻的营养价值相当于鸡蛋的 5 倍、花生米的 2 倍，被人们誉为“水中猪肉”。另外，小球藻还富含各种维生素，如维生素 A、维生素 B、维生素 C 等，都比一般蔬菜的含量高。小球藻中维生素 C 的含量为柑橘的两倍，更

可贵的是，它还含有一般食物中所缺少的维生素B12。它含有的糖类中，有葡萄糖和果糖，很适合作人类的食品。早在第一次世界大战期间，德国为了解决粮食的短缺，就曾将小球藻作为新的食物来源加以研究和开发。第二次世界大战中，美国又把小球藻作为航空食品，因为它具有航空食品所要求的重量轻、营养价值高的特点；第二次世界大战结束后，美国对小球藻进行了大面积培养，想用它来代替粮食。

现代科学研究发现，小球藻营养价值大大超过鸡蛋、牛肉和大豆等高蛋白食物，用小球藻作食物对宇航员来说是再好不过的了。除了营养价值极高以外，小球藻用作宇航食品还有其独特的优势。小球藻的光合作用十分强烈，它的光合效率是陆生植物的10倍。我们知道，植物在光合作用中吸收二氧化碳、放出氧气。有人计算过，1克小球藻在1天当中，可以放出1～1.5克氧气。这样，小球藻在光合作用中放出的大量氧气，就能充分供应宇航员呼吸的需要，而宇航员呼出的二氧化碳，又能很快被它的光合作用利用。所以小球藻不仅是宇航员的理想食物，还是飞船中的“空气净化器”，而且这种活的“空气净化器”可以循环使用。

小球藻的繁殖能力也非常强。人们发现，它主要是靠分身法产生孢子来繁殖后代。一个小球藻，可以一分为二，然后是两个变四个，四个变八个，如果环境优越，1个小球藻的细胞内，可分出8～16个孢子。这些小小的孢子，长得很像它们的“母亲”。以后，孢子们慢慢长大，挣破母亲的肚皮，一个个散放出来，开始过独立生活。这时，它们的身体已经长得和“母亲”模样相同、大小一样了。于是一个小球藻，经过分身法，就变成了8～16个小球藻。在环境条件适宜时，小球藻在一昼夜之间，可以产生两三代，数量能增加好几十倍，而且一周后就能收获。

正是因为小球藻拥有如此多的优点，早有科学家提出，在以碳水化合物为主要食物而缺少蛋白质、脂肪和维生素营养的地区，可通过大量培养小球藻来进行补充营养。在日本，小球藻连续多年在保健品销售排行榜上名列前茅。美国太空总署指定小球藻为美国宇航员专用食品。

小球藻的太空试验证明，它在失重状态下也能迅速繁殖，有效地产生氧而不产生有毒物质。但小球藻等单细胞藻类食品还存在着味道不佳等问题，科学家们在解决这个问题的同时正在设想用海藻作为动物和家禽的饲料，再让它们供给星际飞船的乘员以肉类、牛奶和鸡蛋。

植物探雷器

地雷是一种古老的爆炸性武器，19 世纪中叶，随着各种烈性炸药和引爆技术的出现，地雷向制式化和多样化发展，从而诞生了现代地雷。第二次世界大战以来，世界局部战争此起彼伏，地雷成了冲突双方都要利用的廉价武器。但是地雷埋易排难，为了排除地雷不知有多少人非死即伤。现在，有的科学家们正在研制一种探测地雷的“新型武器”——植物探雷器。

据估计，现在全球 70 多个国家中共埋着 1.1 亿颗地雷，每年有约 2.6 万平民被炸死或炸伤，其中 8000 人是儿童。目前人道主义排雷面临的最大问题是雷区规模太大，传统的探雷和排雷方法又太慢。虽然目前探雷设备已经非常先进了，但用它们来探测大片土地是否埋有地雷，成本却高得惊人。专家介绍，生产一枚反步兵地雷只需要 3 ～ 30 美元，但探测并排除一枚地雷却要数百乃至上千美元。于是，寻找一种新的扫雷技术便成为各国军事科研人员的首要任务。近年来，有的科学家们把目光瞄准了转基因植物。一般说来，埋在地下的各种地雷总要或多或少地向土壤中释放一些物质，用植物探雷的研究正是从这一点入手的。

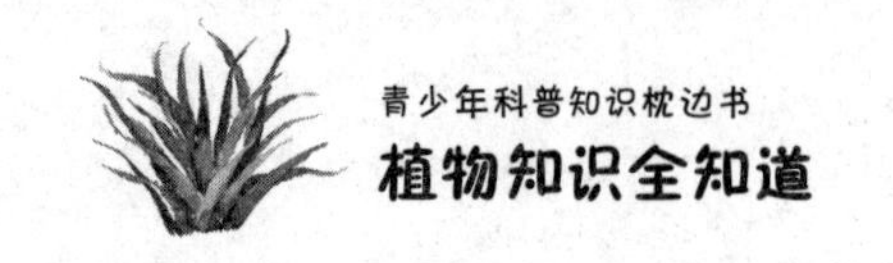

加拿大科学家发现，一些细菌和有机物喜欢“吃”包括塑胶炸药和TNT在内的多种炸药，因为这些炸药中含有细菌生长所需的氢和氮。地雷虽掩埋在地下，它的TNT炸药微粒却会不断地向土壤中渗透。如果从这些细菌或有机物中提取“感受器”基因，然后通过基因改良把它们移植到一些植物的根部。当这些“感受器”发现土壤中的TNT气味或颗粒时，就会向植物发出一系列信号，使它们的花或叶子改变颜色。这样地面上的人就会知道附近有地雷了。

无独有偶，就在加拿大研究植物探雷器的时候，丹麦科学家找到了一种名为阿拉伯芥的植物，他们准备通过改变阿拉伯芥的基因，使其成为探雷的“尖兵”。

阿拉伯芥含有一种通常到秋季才会发挥作用，使植物叶片变成红色的基因。丹麦科学家对这种植物进行了基因工程处理，使这种变色基因在遇到二氧化氮时就会“开启”。大多数传统炸药都会或多或少地释放出二氧化氮，转基因阿拉伯芥能够通过根部感知这种气体的存在。实验显示，在确认有地雷之后3～5周，转基因阿拉伯芥的叶子就会渐渐地由绿色变成红色，这样，人们就可以通过观察地面上阿拉伯芥的生长状况来判断地面下有没有地雷了。

南非科学家最近也培育出一种可以探测地雷的转基因烟草，这种植物中含有一种特殊基因，可以激活西红柿和苹果中含有的红色色素。当烟草的根系探测到地雷中泄漏出的二氧化氮时，绿色叶子随之变为红色，持续时间达10周之久。研究人员在实验室和温室对这种植物进行了成功测验后，已转为实地试验。

由于探雷植物需要数月才能成长起来，所以，它们在战场上的用途并不大，但在战争结束后，把这些探雷植物的种子用飞机或直升机撒下去，等它们长出来后，人们从花或叶的颜色就可知道哪些区域布有地雷。

虽然现在有的科学家对植物探雷器的实用价值存在疑问，但更多的研究人员认为，植物探雷手段的问世，已经开阔了人们的视野，而且必将推动人类扫雷进程的新进展。

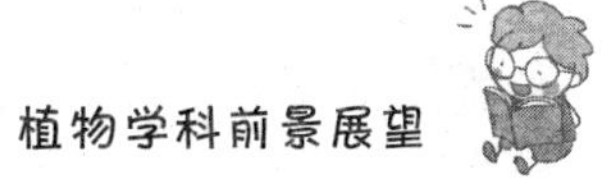

知识链接 >>>

用作“探雷器”的植物都是转基因植物。所谓转基因植物是拥有来自其他物种基因的植物。该基因变化过程可以来自不同物种之间的杂交，但今天该名词更多的是特指那些在实验室里通过重组DNA技术人工插入其他物种基因以创造出拥有新特性的植物。

风靡世界的鲜花食品

春天让世界变得姹紫嫣红，各色鲜花争相绽放，花姿摇曳，高雅别致又生机勃勃。时下，人们的餐桌也出现了不少“花”食品，如鲜花饮品、鲜花酒和鲜花制作的各式糕点、酱料等，鲜花餐饮正成为现代人心仪的美味佳肴。

鲜花作食，自古有之。早在我国的先秦时期，鲜花就被人们食用。屈原《离骚》中就有“朝饮木兰之坠露兮，夕餐秋菊之落英”的描写。《神农本草经》中菊花被列为上品，说“服之轻身而耐老”。汉唐时期是古人食花的盛期，传说每到农历二月十三这天，武则天就命宫女们用鲜花与碾碎的大米制成米糕自食，还分赐给百姓庶民们吃。宋、明、清各代，都有用花卉制成的食馔的记载。

鲜花食品在国外也有着悠久的历史。16 世纪，欧洲诸国便有了食用香红花的习俗。西班牙用香红花调制什锦饭，法国人拿它来做火锅。在美洲，仙人掌是传统的食品，人们用它煮汤吃、烤吃、做饼吃，腌着吃，还用它来酿酒。南瓜花在法国和意大利被当菜吃，伊朗、斯里兰卡、印度用它做咖喱酱，朝鲜用它做罐头。现在，在欧美一些国家和地区，被用来加工食

品的鲜花已达数百种。如芥子花、秋海棠、旱金莲、南瓜花、春莴苣花、金盏花等，都可以用来配制成鲜花沙拉。其中旱金莲有点辛辣，春莴苣花带点甜味，都可直接用来点缀沙拉。金盏花若与煮鱼的沙司一起煮，南瓜花若与蟹、鱼等海鲜同时烹制，均别有风味。在亚洲，根据联合国粮农组织出版的《东南亚食品成分表》记载，有10多种花卉已成为该地区居民餐桌上的常用食品，东南亚各城市都有专门出售可供食用鲜花的市场。

花卉食品之所以能够在世界上日渐流行，是因为花食文化是人类饮食文化中最绚丽、最多彩的篇章，是素菜中最富诗情画意的一页。特别诱人的是它营养价值高。根据植物学家们的研究，作为植物器官的花朵与蔬菜花果本身一样，营养十分丰富，尤其是盛开时的鲜花含有大量花粉，而花粉已被科学家证实含有96种物质，包括22种氨基酸、18种维生素、27种微量元素等。营养学家指出，除花粉外，还没有哪一种食物能包括人体所需的全部营养成分，因而花粉是地球上最完美的食物。以万寿菊为例，花瓣中含有丰富的胡萝卜素、抗生素、生长素、维生素C、P、E以及微量元素铁、锌、镁、钾等，达27种之多。科学家的研究还发现，花卉中的蛋白质多以游离氨基酸的形式存在，含量远远胜过牛肉、鸡蛋、干酪，维生素C的含量高于新鲜水果，其营养价值比牛肉、鸡蛋高7～8倍。据说，花卉中还含有一种尚未被人们开发但又能增强人类体质的高效生物活性物质。

我国是世界上花卉品种和花卉种植最多的国家之一。在广袤的国土上，一年四季都有鲜花开放，春兰、夏荷、秋菊、冬梅……此花刚谢，彼花又开，花卉数量惊人，是一座巨大的营养库，也是大自然对人类的慷慨馈赠。愿花卉食品在神州大地再掀新潮，让色、香、味俱佳的花馔美食走上千家万户的餐桌。

知识链接 >>>

花卉可以吃的部分包括鳞茎、根部、枝叶、花蕾、花瓣、花蕊等。目前已知的可食花卉总数多达500种以上。其中既有野生植物，又有园栽植物；既有药用植物，又有山间野菜。

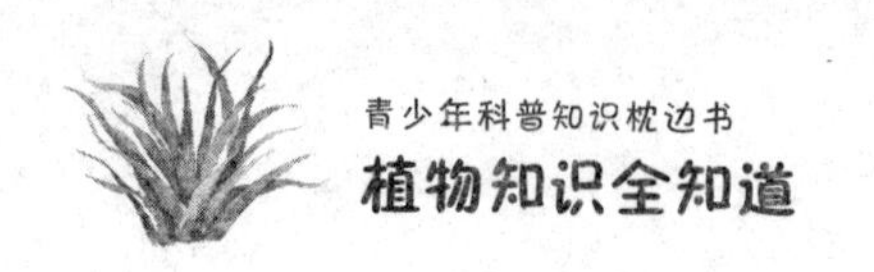

神奇的“生态植物”

人类通过长期的观察发现，自然界中有的植物对环境中的一些物质很敏感，它们对这些物质的多少和变化，能产生各种反应或信息。聪明的人，就用它们来定性地监测和评价环境质量的好坏和预测变化趋势，并且把有这种特性的植物作为治理环境污染的帮手，这些能保护环境的植物叫作生态植物。

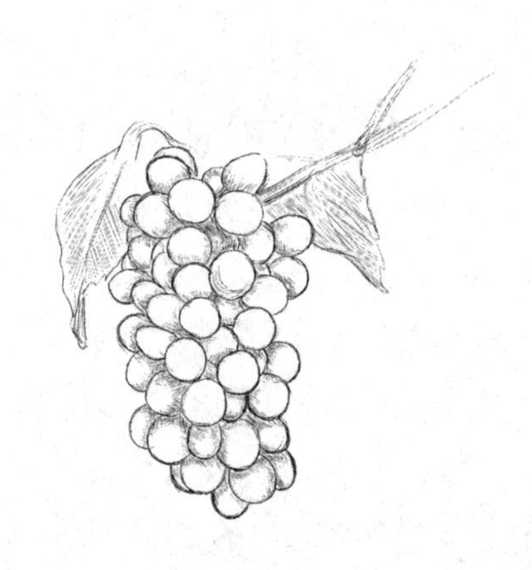

地衣、苔藓植物、紫花苜蓿对二氧化硫敏感，在没有特殊环境因素的变化下，它们的枯黄、枯死则告诉人们大气中有了过量的二氧化硫气体。此外，现在人们还用香蒲、火炭母、金荞麦、杏、梅、葡萄等监测氟的污染，用苹果、玉米、桃、洋葱监测氯的污染等。

水体被污染的情况，也可以从一些水生生物的情况作出简单的判断。如水中浮萍茂盛，藻类疯长，表明水中的氮、磷、钾等营养物质过剩，导致水体富营养化了。

自然界的植物与环境中有害物质长期互相作用、互相影响，多处在相对稳定的动态平衡中，有的逐渐适应，有的中毒被淘汰，所以，植物与人类一样，都有对环境的适应和对变化条件的抵抗能力，那些对某些污染物有很强抗御能力的，人类就可以在有大气污染的地方把它作为绿化材料；

或利用它们吸收污染物的性质，来吸收大气中的污染物，起到吸毒器、空气净化器的作用。

1986 年，苏联切尔诺贝利核电站发生事故，造成核物质泄漏，辐射损伤 300 多人，使 31 人立即丧生，周围大片土地受到放射性污染，10 多万居民紧急迁散。居民可以迁走，受伤者可以医治，核电站可以封死，可周围土地里的那些放射性污染物，筛也筛不掉，拣也无法拣，怎么办呢？这些受污染的土地能复生吗?

法国核防护研究所的专家发现，在核污染的土地上种植鹅观草，草长大后，用割草机割除几厘米就能除掉几乎全部核污染物。鹅观草是一种多年生草本植物，草秆丛生，直立，高可达 1 米。1991 年夏天，在切尔诺贝利核污染区首次试验。尽管那里的土壤不适合种植鹅观草，但是荒地上还是长满了鹅观草，割除 5 厘米后，土壤中 95%的核物质被除掉。割除的草烧掉后，将草灰按处理核废物的办法进行深埋或用其他方法处理。据估计，在切尔诺贝利污染区可种植 6 万公顷鹅观草，几年之后，那里的土地就能获得新生。

德国有 40%的土地不同程度地受到了有毒化合物和重金属的污染。已有的净化土地的方法既费钱又会破坏土壤的生态环境。于是，德国科学家把目标放在植物上，着手培育能吸收土壤重金属的植物。他们首先发现的一种生态植物是荞麦。荞麦一般人都知道，是一种一年生的农作物，茎红叶绿，果实为黑色三菱形。荞麦面含胆固醇低，是人们喜爱的保健营养食品。荞麦年产量可达每公顷 200 ～ 300 吨，1 公顷荞麦从土壤中可吸取 24 公斤铝和 322 公斤锌。在重金属污染的土地上种植荞麦，荞麦收获后虽然不宜食用，但可用作发电厂的燃料，燃烧后金属留在灰渣中，灰渣可以有针对性地作为肥料施给那些缺少这些金属元素的土壤。发电厂所发的电能可弥补耕作的全部费用。

加拿大科学家非常重视生态植物新品种的研究与开发。他们用遗传工程改良植物的净化功能。研究人员正在对油菜、烟草和紫花苜蓿等多种植物进行遗传改良，并且试验用催化剂加速植物吸收金属的反应。科学家

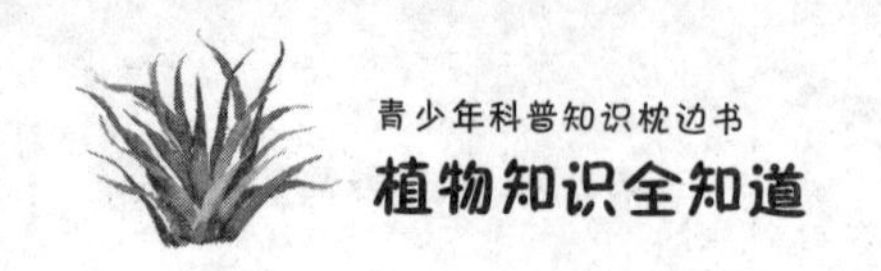

的主要目标是利用他们培育的转基因植物净化加拿大很多矿山附近被污染土地。

总之，利用植物这一报警器，简单方便，既监测了污染，又美化了环境，可谓一举两得。

知识链接>>>

利用植物监测环境污染比使用仪器成本低，适于开展群众性监测活动。另外，植物不仅能监测现时的污染，而且还能指示过去的污染情况，而这些用一般仪器是测不出来的。所以，用生态植物来监测并改善环境有着很好的发展前景。

烟草的新用途

大家都知道，吸烟有害健康。那么烟是从哪里来的呢？原来烟主要是由茄科烟草属植物烟草的叶子加工而成的。

烟草属植物有60多种，但真正用于制造卷烟和烟丝的只有两种，其他品种很少用。目前人们普遍认为烟草最早源于美洲。考古发现，人类尚处于原始社会时，烟草就进入到美洲居民的生活中了。那时，人们在采集食物时，无意识地摘下一种植物叶子放在嘴里咀嚼，因其具有很强的刺激性，正好起到恢复体力和提神打劲的作用，于是便经常采来咀嚼，次数多了，便成了一种嗜好。

1492年10月，哥伦布率领探险队到达美洲时，就看到当地人在吸烟。1558年，航海水手们将烟草种子带回葡萄牙，随后传遍欧洲。我国的烟草是16世纪相继由菲律宾、越南、朝鲜传入的。

烟草在植物学上没有什么出奇之处，但它却含有一种特殊的生物碱——尼古丁。尼古丁是在烟草的根中合成的，然后输送到茎和叶，是烟草的异性代谢物质，它可以使人成瘾，所以在国外，有人把它叫相思之草，意思是嗜烟的人离不开它，一时不吸就想得发慌。因为吸入尼古丁，可以

引起一时的精神兴奋，所以有人就说，吸烟可以有助于灵感发生，其实这只不过是一种假象，吸烟能损害健康。首先，吸烟时烟草中的尼古丁以及其他一些有毒物质要刺激喉咙和气管黏膜，引起多痰多咳，长期吸烟，会引起上呼吸道感染，日久发生肺气肿和肺心病，严重影响呼吸功能，甚至缩短寿命。其次，吸烟可以引发癌症。最近流行病学研究指出，80%的癌症是由环境因素引起的，肺癌是直接吸入致癌物质所致，人们普遍认为香烟和烟制品是癌的主要致病因素，在长期吸烟和大量吸烟的人中，肺癌发病率很高。环境性致癌物质引起人类癌症的潜伏期平均为15～25年，所以青少年吸烟十分令人担心，如果他们长期吸烟，人到中年后，他们有些人就会受到癌症的摧残。那么，烟草是不是就没有一点好处呢？也不是。因为烟草在开发食品和药物资源方面的诸多潜在用途现在正在不断地被发现。

烟草是著名的模式作物，可当作生物反应器将其他作物的抗癌、抗艾滋病以及有益于人们健康的基因导入烟草，使其充分表达，然后利用生物技术予以提取，可加工成治病强身的“灵丹妙药”。美国一位分子生物学家丹尼尔教授发现，烟草经过基因改良后可以用来救命，因为新型的转基因烟草可以用来生产炭疽病疫苗、胰岛素等药物。

丹尼尔花了20年时间来研究通过转基因作物生产药物。他之所以最终选择烟草来生产药物，是因为烟草是一种常年生长而且繁殖能力强的植物，每棵植株能生产100万颗种子。另外，用烟草来生产药物可以变害为利，而且节省粮食，让食用植物不再用于制造相关的药物。为了制造出炭疽疫苗，丹尼尔教授将疫苗基因注入烟草细胞的叶绿体基因组中。在随后全国的一次实验中，研究人员从转基因烟草提取出炭疽病疫苗，注射到小白鼠体内；这些小白鼠在遭受炭疽病毒的袭击后，健康地存活下来了。下一步是在人的身上做实验，检测药物对人体免疫系统的作用。也许在未来几年内，患者就可以用上用烟草生产的相关药物了。由此看出，烟草有益于健康的潜在用途并不比用作卷烟所起的经济作用逊色。

20 世纪 50 年代以来，全球范围内已有大量流行病学研究证实，吸烟是导致肺癌的首要危险因素。为了引起国际社会对烟草危害人类健康的重视，世界卫生组织 1987 年将每年的 4 月 7 日定为“世界无烟日”，以督促烟民们改掉吸烟的不良习惯。自 1989 年起，世界无烟日改为每年的 5 月 31 日。